现代园林规划设计

王　岩　邱毅敏　张　华　主编

吉林科学技术出版社

图书在版编目（CIP）数据

现代园林规划设计 / 王岩，邱毅敏，张华主编．--
长春：吉林科学技术出版社，2021.6（2023.4重印）
ISBN 978-7-5578-8293-8

Ⅰ．①现… Ⅱ．①王… ②邱… ③张… Ⅲ．①园林设计 Ⅳ．①TU986.2

中国版本图书馆CIP数据核字（2021）第122302号

现代园林规划设计

主　　编　王　岩　邱毅敏　张　华
出 版 人　宛　霞
责任编辑　隋云平
封面设计　李　宝
制　　版　宝莲洪图
幅面尺寸　185mm×260mm
开　　本　16
字　　数　220千字
印　　张　10
版　　次　2021年6月第1版
印　　次　2023年4月第2次印刷

出　　版　吉林科学技术出版社
发　　行　吉林科学技术出版社
地　　址　长春净月高新区福祉大路5788号出版大厦A座
邮　　编　130118
发行部电话／传真　0431—81629529　81629530　81629531
　　　　　81629532　81629533　81629534
储运部电话　0431—86059116
编辑部电话　0431—81629520
印　　刷　北京宝莲鸿图科技有限公司

书　　号　ISBN 978-7-5578-8293-8
定　　价　40.00元

编者及工作单位

主　编

王　岩　济南园林集团景观设计有限公司

邱毅敏　广州市林业和园林科学研究院

张　华　郑州升达经贸管理学院

副主编

常晓丽　河南城乡园林景观规划设计有限公司

陈春燕　德州市建筑规划勘察设计研究院

连亚楠　山东林李建筑设计有限公司

刘海源　东营旭东工程有限公司

刘　杰　河南谷得景观园林工程有限公司

刘万超　山东林李建筑设计有限公司

夏园一　舟山海城市政园林绿化有限公司

谢　琛　南阳市园林绿化管理局

谢秀霞　济南园林开发建设集团有限公司

许秋颖　北京路桥瑞通养护中心有限公司

朱竹青　北京市朝阳区园林绿化监督管理所

前　言

随着人类社会的发展，工业文明不断加快，越来越多的城镇迅速占领地球上的陆地。密如蛛网的公路、铁路纵横交错，把原本系统、整体的陆地生态系统分割得支离破碎，本是完整的河流被一条条大坝完全切断。人类利用现代工程技术不停地在原本生态极为良好的无人区大搞开发建设。因此，园林作为城市基础设施的重要组成部分，规划设计无疑应该考虑以上的不利因素。园林规划设计不但要满足人类审美、休闲、游乐的基本功能，更要达到顺应自然、保护和修复自然生态系统的要求，真正实现人与自然和谐共生，地球生态系统永续发展。

我国有很多的现代园林规划设计工作人员，可是真正具有系统全面的地球生态理论素养者并不多。即便具备非常强的景观设计的专业理论知识，也并不能够将城市发展和园林规划设计之间的关系进行完美协调，将城市园林的功能实用价值全面考量，缺乏充分科学、长远的现代园林规划设计指导思想。

目前发展非常迅速的园林景观一味地照搬照抄园林景观设计模式的问题非常严重，无法将大众对园林景观真正的需要进行满足。由于当代城市建设对园林景观的需求量非常巨大，很多城市急功近利，大上快上园林景观，动辄“打造”城市景观风貌，不顾东西南北地域差异，不管风土人情之不同，“一张图纸管天下”，结果形成了千城一面、各地相似的所谓“园林景观”，长此以往造成了人们的视觉疲劳。

总而言之，现代园林规划设计必须遵从生态优先的原则，牢固树立地球生态系统理念，强化“大绿地”思维模式。拜自然法则为师，引现代技术为技，以人类需求为本，园林及整个地球生态系统才能和谐共存、永续发展。

目　录

第一章　现代园林规划设计概述 …… 1
第一节　现代园林规划设计现状 …… 1
第二节　现代园林规划设计与空间的结合 …… 4
第三节　景观生态学与现代园林规划设计 …… 6
第四节　现代园林规划设计理念与适应性原则 …… 9
第五节　现代园林规划设计中的生态理念融入 …… 12
第二章　现代园林植物规划设计 …… 15
第一节　现代园林规划设计中的植物保护问题 …… 15
第二节　现代园林规划设计和现代园林植物保护 …… 17
第三节　现代园林园艺植物景观的设计与规划 …… 20
第四节　现代园林设计规划中乡土植物的应用 …… 23
第五节　现代园林设计的植物配置与规划 …… 27
第六节　现代园林景观规划中的植物设计原则 …… 30
第七节　现代园林规划设计中的植物景观布局 …… 32
第八节　城市现代园林规划中的植物群落设计 …… 35
第三章　现代园林建筑规划设计的布局 …… 38
第一节　现代园林建筑规划设计的构图规律 …… 38
第二节　现代园林建筑规划设计的方法和技巧 …… 41
第三节　现代园林建筑规划设计的布局原则 …… 45
第四节　设计过程与方法 …… 48
第五节　设计场地解读组织 …… 59
第六节　方案推敲与深化 …… 69
第七节　方案设计的表达 …… 78
第四章　现代园林景观规划 …… 81
第一节　现代园林景观规划的文化和主题 …… 81

第二节　儒家文化与现代园林景观规划 …………83
第三节　声景学与现代园林景观规划 …………85
第四节　生态理念与现代园林景观规划 …………88
第五节　居住小区的现代园林景观规划 …………90
第六节　GIS 技术与现代园林景观规划 …………92
第七节　BIM 技术与现代园林景观规划 …………94
第五章　现代风景园林的设计 …………98
第一节　现代风景园林设计发展 …………98
第二节　现代风景园林设计中的结构主义 …………100
第三节　现代风景园林人性化设计 …………103
第四节　低成本现代风景园林设计 …………106
第六章　现代风景园林规划设计研究 …………112
第一节　现代风景园林规划设计中的创新思维 …………112
第二节　现代风景园林规划存在的问题 …………115
第三节　VR+ 现代风景园林规划与设计 …………118
第四节　数字时代风景园林规划设计 …………121
第五节　现代风景园林规划中现代园林道路设计 …………124
第六节　城市时代下的现代风景园林规划与设计 …………126
第七节　现代风景园林规划设计应该注意的问题 …………129
第七章　现代风景园林规划设计的实践应用研究 …………132
第一节　GIS 在现代风景园林规划设计上的应用 …………132
第二节　色彩在现代风景园林设计中的实际运用 …………133
第三节　现代风景园林设计中计算机辅助策略的应用 …………137
第四节　现代风景园林设计中植物造景的具体运用 …………140
第五节　现代风景园林规划中生态规划的应用 …………142
第六节　海绵城市理论在现代风景园林规划中的应用 …………144
第七节　乡村景观在现代风景园林规划与设计中的应用 …………147
参考文献 …………151

第一章 现代园林规划设计概述

第一节 现代园林规划设计现状

随着城市化建设进程的不断加快，人们对现代园林规划设计提出了更高的要求。人们的生活水平在不断提高，对环境质量的关注度也越来越高。因此，现代园林规划设计已经成为城市建设中重要的影响因素。城市现代园林规划设计师应本着实现人与自然高度和谐的设计原则进行现代园林规划设计，而当前的城市现代园林规划设计中仍然存在着许多问题。本研究就对其进行分析，进一步探讨我国现代园林规划设计的发展趋势。

随着人类社会的发展，工业文明不断加快，越来越多的城市或城镇迅速占领地球上的陆地。密如蛛网的公路、铁路纵横交错，把原本系统、整体的陆地生态系统分割得支离破碎，本是完整的河流被一条条大坝完全切断。人类利用现代工程技术不停地在原本生态极为良好的无人区大搞开发建设。因此，现代园林作为城市基础设施的重要组成部分，规划设计无疑应该考虑以上的不利因素。现代园林规划设计不但要满足人类审美、休闲、游乐的基本功能，更要达到顺应自然、保护和修复自然生态系统的要求，真正实现人与自然和谐共生，地球生态系统永续发展。

一、现代园林规划设计现状

（一）现代园林规划设计目标不明确

我国有很多的现代园林规划设计工作人员，可是真正具有系统全面的地球生态理论素养者并不多。即便具备非常强的景观设计的专业理论知识，也并不能够将城市发展和现代园林规划设计之间的关系进行完美协调，将城市现代园林的功能实用价值全面考量，缺乏充分科学、长远的现代园林规划设计指导思想。

（二）现代园林规划设计存在着盲目追风的现象

目前发展非常迅速的现代园林景观一味地照搬照抄现代园林景观设计模式的问题非常严重，无法将大众对现代园林景观真正的需要进行满足。由于当代城市建设对现代园林景观的需求量非常巨大，很多城市急功近利，大上快上现代园林景观，动辄“打造”城市景观风貌，不顾东西南北地域差异，不管风土人情之不同，“一张图纸管天下”，结果形成了千城一面、各地相似的所谓现代“园林景观”，长此以往造成了人们的视觉疲劳。

（三）公共现代园林规划设计手法趋于雷同

现代园林规划设计，不管城市大小和风格差异，一味地追求所谓“大气磅礴”和俯瞰效果。一方面刻意仿造大自然景观，一方面又在广泛采用规则的曲线、波浪线或标准的几何图形。植物栽植力求整齐划一，大小一致，高低一致，甚至品种一致。为了快速打造“花海”、“花谷”，强调视觉效果，大量栽植单一的开花或彩叶树种，这样就造成了工业化特征极强、人工痕迹极为明显的所谓“自然式现代风景园林”景观。长此下去，将会造成树种单一、病虫害频频发生、生态失衡的后果。更有甚者，为了追求强烈的视觉效果和广告效应，无限放大单一景观建筑体量，与周围自然环境极不协调，凸显功利主义，毫无视觉美感，甚至造成视觉污染。

二、现代园林规划设计的发展趋势

（一）现代园林规划设计必须切实遵从生态优先的原则

地球生态系统是在生物出现以后经过漫漫时间长河的积累缓慢发展稳定下来的。现代园林规划设计的初衷就是为了美化生存环境，保护生态系统。现代园林规划设计不能改善生态环境，可以结合当地具体情况对该地区的生态环境进行科学、合理的改造和完善要以习近平新时代中国特色社会主义思想为指导，严格遵循地球生态系统的自身发展规律，坚持生态优先的原则。城市化的发展要顺应自然，严格遵从自然法则。人虽然处于地球生态系统食物链的顶端，但底端的任何一级链条断裂或缺失都会引起整个生态系统的崩溃。现代园林规划设计既要满足人们的实际需求，又要能切实为社会发展和生态环境的协调发展做出贡献。采用先进的思想和观念，充分运用新材料、新技术建设现代园林，切实做到人工设计建造的现代园林景观与自然生态环境完美融合。

（二）严格分类划定绿地红线，严格保护原生自然生态环境

要有“大绿地”思维，把整个国土区域整体规划，分类划定绿地保护区域。根据原生生态环境划定绝对禁止开发区、轻度开发区、适宜开发区、宜居区等。绝对禁止开发区严禁人类开发、居住，且必须采取必要的保护措施。现代园林规划设计应根据禁止开发区、轻度开发区、适宜开发区、宜居区等不同区域的限制因素采取不同的方式。禁止开发区一般指原始生态区，禁止任何形式的开发建设，应保持原有自然生态系统，最多修建便于管护的简易工作道路，但数量尽量要少。轻度开发区只适宜小型建设，建筑体量小，占用绿化面积极小，现代园林规划设计以保留原有植被为主，几乎不搞现代园林建设。适宜开发区现代园林规划设计以大量栽植乔灌木为主，尽可能弥补开发造成的对生态环境的损坏，尽可能地增大绿化量。宜居区现代园林规划设计应以人为本，最大限度地满足居民欣赏、

游憩、运动、生活等需要，力求个性化、多元化。

（三）现代园林规划设计要形成地域特色

在现代园林规划设计时，要充分考虑当地的地域特点，规划设计时不能盲目抄袭，不能批量化建设。可以学习国外的先进经验，但不能盲目跟风，要打造有特色、有地域性的现代园林景观。中国幅员辽阔、气候多变，人们的审美也随着地域的不同而不同，根据当地风土人情建设园林景观有利于体现现代园林特色。现代园林景观设计要充分发掘当地特色，结合当地气候特征，与原有景色相融合。对于硬质景观，可以充分采用当地材料，进行粗略的加工，既节约了运输和加工的成本又能体现当地的地貌特色。可以大量采用本土植物，因为植物不但是现代园林景观设计中重要的组成部分，又最能表现当地的气候特色。本土植物根植于当地，是本地的标志，是当地生命力的象征。

（四）生物多样性、科学性、艺术性的统一

在现代城市现代园林规划设计过程中，要以生物多样性为指导思想，尽可能为各种生物创造适宜的生存环境。植物品种的选择和配置方式应以周围原生态自然环境为参照，采用适宜的科学技术进行栽植和管护，使各种生物均能自然生长，充满勃勃生机。同时，还应以人为本，根据人类的使用和感官需求，采用艺术的手法，创造出生物多样性、科学性和艺术性统一的现代园林景观，真正实现人与自然和谐发展。

（五）城市现代园林规划设计要优先以城市本身所处生态环境为依据

各个城市处在地球上的不同位置，自身具有的水系、山体和平地等生态环境各不相同，这些因子都是大自然生态系统平衡发展所赋予的。因此，现代园林规划设计必须以此为依据，不但不能盲目利用现代工程技术大拆大建，损毁这些因子，而且还应运用现代工程技术加以保护和修复。由于人类是群居动物，随着社会的演化，越来越明显地形成了城市（含大中小城市）—城镇—居民点（新农村）三大居住格局。所以，现代园林规划设计必须依照这三大格局的不同，具体分析体量、人口、环境等因子，分类实施。

（六）局部现代园林设计彰显个性化

局部现代园林一般指私家现代园林或小范围的单位附属现代园林等。局部现代园林面积小，不足以影响生态系统的稳定，在现代园林设计时可充分体现私密性、个性化理念。根据使用者或所有者的思想，不拘一格，大胆创新，使现代园林设计尽可能满足现代园林使用者或所有者的需求。注重细节，力求精致，这样可创造出丰富多彩、风格各异的优美现代园林景观。

总而言之，现代园林规划设计必须遵从生态优先的原则，牢固树立地球生态系统理念，强化“大绿地”思维模式。拜自然法则为师，引现代技术为技，以人类需求为本，现代园林及整个地球生态系统才能和谐共存、永续发展。

第二节　现代园林规划设计与空间的结合

随着现代园林产业的快速发展，为了使我国的现代园林景观能够体现出更多的自然要素，丰富现代园林游客的体验感，进一步推动我国现代园林景观事业发展，文章通过对现代园林规划设计的原则进行阐述，对现代园林设计空间进行分析，通过现代园林规划设计与空间的关系探讨，促进我国现代园林绿化行业的稳健发展。

现代园林规划设计时，设计人员应当充分考虑所能提供的经济条件以及能够让大众接受的艺术表现形式，通过设计图纸实现设计创作，为游客打造优美舒适的现代园林环境，增加现代园林艺术情趣和吸引力。为此，在现代园林规划设计阶段，需要综合考虑经济、施工技术、自然生态以及人文景观等各个方面，保证现代园林设计作品能够满足受众审美需求，进而提高现代园林的经济性和社会效益。

首先，明确使用者的心理。设计人员在进行现代园林景观的设计时，需要充分考虑现代园林景观中的布置是否能够满足现代园林使用者的生活需要。设计准备阶段，应当就业主对现代园林设计的具体要求进行全面的了解和深入的沟通，最大限度地满足客户需求。加强现代园林景观设计与现代园林服务功能之间的联系，保证现代园林景观能够满足游览需求和人们对美的感官体验的需要。

其次，保证设计的独特性。设计人员应当保证现代园林景观设计的独特性，不能随意地将其他现代园林景观中的景点照搬，需要保证现代园林景观内部景色的独特性，形成现代园林自身的风格，从而增加游客游玩的乐趣。

再者，注重地域文化特征。设计人员在设计前应当深入了解当地人文特点、文化特色，对于历史中存在的著名人物或者事件进行分析，也可以参照当地的名胜古迹进行设计。通过分析古迹的建筑特点，结合现代园林自身的自然环境特点，在现代园林景观的设计中体现出上述文化特点和区域特色，现代园林景观与当地社会文化密切联系，提高游客游览现代园林的兴趣。

最后，实现多样性、统一性。现代园林景观在设计时，设计人员应当注重现代园林内部景色的多样性，不能让现代园林中的景色千篇一律，没有具体的风格特点。另外，需要注重现代园林作为有机整体的统一性，通过对现代园林各个空间环境的布置，使其与环境之间建立较强的联系，从整体上突出现代园林的风格特点。设计人员应当把握好现代园林多样性与统一性之间的平衡，做到以人为本，让游客在游览现代园林景观的过程中体会到不同的景色，同时也不会产生突兀之感。

一、现代园林设计空间

（一）现代园林空间的含义

通常来说，现代园林空间并不是相互独立的，各个空间之间应具有一定的联系。如果在现代园林中存在部分空地，同时此处也没有具体的实物以提供参考，则此片区域不能称之为空间。区域中存在实物，即存在参照尺度，则可以称此片区域为一个空间。设计人员在进行现代园林规划时，尽管对现代园林有了初步的设计，但是为了体现现代园林独特的美感，需要设计人员基于规划设计的原则，综合利用现代园林的地形、地貌、植被、水体以及建筑等因素，以体现出现代园林景观的独特风格。

（二）现代园林空间的构成

植物。需要设计人员依照其自身的生长习性以及现代园林的布局需求实现对植物的合理分配。植物分配需要注意两个方面：一方面，植物分配的区域应当与周边环境的各种要素，如假山、水体、建筑、道路等相互呼应。另一方面，需要设计人员分析考虑植物与植物之间的空间关系，结合植物在四季的状态变化确定以哪种植物作为主体，突出现代园林空间的鲜明特征。

水体。是现代园林景观的重要组成部分之一。现代园林景观中的水体可以根据动、静分为两种类型。其中，动主要有河流、小溪、喷泉等，而静则有水池。对于水体周边的道路，则可因地制宜利用水体的流动特点进行施工建设。同时结合水体自身的特点，实现对周边景观的选择及完善，合理地利用现代园林空间。

建筑和建筑小品。在现代园林景观建筑的设计阶段需要注意建筑物自身的功能特点以及对周边自然环境的影响程度。设计人员应当做到建筑物与环境的有机结合，通过自然环境体现出建筑物的特点，将建筑物作为此处空间的主体。对于现代园林景观中建筑群的设计，通常使用分散型布局，利用拱桥、走廊以及道路等将各个独立的建筑物之间进行关联，进而形成有机整体。其中，现代园林景观的建筑物设计，应当充分考虑建筑物使用者的实际需求，保证建筑物设计布置的合理性。

二、现代园林规划设计与空间的结合

现代园林规划设计与空间的结合，可以表现在诸多方面。例如，自然景观与人文景观的结合，即现代园林中的植物应当与周围的假山、建筑物以及道路整体相互协调，具有美观大方的特点。设计过程中，设计人员应当综合考虑现代园林的建筑特征、墙壁绘画的色彩以及内部空间的整体美感等因素，实现现代园林景观的设计表达。

设计人员进行设计的过程中应当注意以下几个方面：首先，现代园林景观内容具有一定的新颖性，不能生搬硬套，原样照搬或生搬硬套现代园林景观中的优秀作品，否则会使现代园林景观缺乏个性和特色，且容易让置身现代园林之中的游客产生审美疲劳，降低现代园林观赏性，影响游客游玩的兴趣和热情。其次，现代园林中的建筑设计应当充分地融入现代园林的自然景观当中，不能让游客对建筑物在现代园林中产生突兀、另类之感，应加强建筑物与周边环境的联系。最后，现代园林在进行植物区域分配时，应当根据植物自身的特性，为其营造出既能满足植物生长需要的环境，同时做到合理配置、有序分布。

现代园林景观是一门高雅而又相对复杂的艺术表现形式，设计人员需要在创造人文景观的同时，自觉维护自然美景。因此，现代园林设计人员对原有空间状况进行充分分析，尝试将建筑景观环境中空间形态的“图底关系”理论应用于现代建筑景观环境中。不仅具有美学和心理学意义，而且具有设计观念上的提升，对塑造富有个性特征的城市建筑景观环境有着重要意义和指导作用。通过科学合理地利用现代园林内部的空间，确保现代园林规划设计内容的可行性以及景观设计的实用性，从而提高游客游览观感和美好体验。

第三节　景观生态学与现代园林规划设计

针对景观生态学理论在现代园林规划设计中的应用现状，进行了科学有效的分析，并详细介绍了现代园林规划设计中应用景观生态学理论的重要性以及现代园林规划设计的特点，如综合性、持久性、复杂性等，提出景观生态学在现代园林规划设计中的应用要点，希望能够给相关工作人员提供一定的参考。

在现代园林规划设计过程当中，通过合理应用景观生态学设计理念，不仅能够提升现代园林景观的美观性，而且能有效减少自然资源的浪费，为居民提供舒适、和谐的生活环境。对于原理规划设计人员来讲，在实际工作中，要根据该地区的生态环境特点，运用先进的景观生态学理论，结合现代园林规划设计过程中经常遇到的问题，制定妥善的解决对策，进一步提升现代园林规划设计效果。鉴于此，本节主要分析景观生态学在现代园林规划设计中的应用要点。

一、现代园林规划设计中应用景观生态学理论的重要性

景观生态学的定义：是以景观为主要研究对象，具体研究景观结构、景观功能、景观变化、景观科学规划及管理，是一门宏观生态学科。景观生态学尺度：在空间以及时间上对研究的对象进行测度，包括空间尺度以及时间尺度。景观结构模型下，景观要素包括斑块和廊道以及本底，对景观组成以及结构等进行相应的描述。

景观生态学理论涉及的领域比较广，将其应用到现代园林规划设计当中能够有效提升现代园林规划设计方案的合理性，减少生态景观资源的浪费。为了保证景观生态学理论在现代园林规划设计中得到更好的运用，规划设计人员要结合该地区的生态环境特点，不断

优化现代园林规划设计流程，从根本上保证现代园林规划设计过程中出现的问题得到妥善解决。

除此之外，将景观生态学理论应用到现代园林规划设计当中，对该地区的生态环境可以起到良好的保护作用。例如，在现代风景园林规划设计中，设计人员要结合该景区树木生长特点，不断改进原有的现代园林规划设计方案，并做好系统性规划设计工作。与城市生态学理论不同，景观生态学理论能够为现代园林规划设计人员提供良好的设计思路，让现代园林景观更加丰富多彩，有效满足居民的各项需求。

二、现代园林规划设计的特点

（一）综合性

现代园林规划设计具有良好的综合性，能够将城市、社会与自然环境进行有效结合，构成更加科学的规划体系。伴随城市发展进程的不断推进，现代园林规划设计难度越来越大，想要保证现代园林规划设计工作得以顺利开展，保持生态平衡，现代园林规划设计人员要根据生态环境特点，适当加大生态建设力度，保证现代园林规划设计的综合性得到更好的体现。由于现代园林规划设计涉及的范围比较广泛，设计人员要认真遵守可持续发展原则，对原有的现代园林生态系统结构进行优化，促进人与自然的和谐发展。

（二）持久性

现代园林规划设计具有一定的持久性。在工业化快速发展的今天，城市现代园林景观结构不断改变，为了保证现代园林规划设计方案得到更好的实施，提升城市现代园林景观结构的科学性，相关规划设计人员要结合该地区的工业经济发展现状，对原有的现代园林规划设计方案进行改进与完善，充分体现现代园林规划设计的持久性。另外，想要更好地提升现代园林生态效益，规划设计人员要做好相应的协调工作，根据现代园林规划设计过程中经常出现的问题，制定针对性较强的解决对策。

（三）复杂性

由于景观生态学理论涉及的领域比较广泛，在一定程度上增加了现代园林规划设计难度，使得现代园林规划设计更加复杂。在现代园林规划设计过程当中，设计人员要妥善运用景观生态学理论，提升现代园林规划体系的合理性。对于现代园林规划设计人员来讲，要根据景观生态学体系特点，不断调整现代园林规划设计方案，在降低现代园林规划设计难度的同时，保证现代园林规划设计方案得到更好的实施，减少生态资源的损耗与浪费。

三、景观生态学在现代园林规划设计中的应用要点

（一）明确景观生态学与现代园林规划设计之间的关系

想要保证景观生态学在现代园林规划设计当中得到有效应用，现代园林规划设计人员

要明确景观生态学与现代园林规划设计之间的关系，在合理应用景观生态学理论的同时，构建更加自然的生态现代园林，为居民营造舒适的生活环境。由于景观生态学理论比较复杂，增加了现代园林规划设计难度，规划设计人员在实际工作当中，要根据现代园林植物的生长特点，制定更加科学现代园林规划设计方案，不断提升现代园林自然景观的观赏价值。

从宏观角度来分析，现代园林规划设计中应用景观生态学理论，能够保证现代园林植被更加健康的生长，有效提升现代园林自然景观的观赏性。由于现代园林规划设计流程比较复杂，在一定程度上增加了现代园林规划设计难度，现代园林规划设计人员要结合该地区的地理特征，科学运用景观生态学理论，并根据景观生态学与现代园林规划设计之间的关系，适当改进原有的规划设计方案，进一步提升现代园林景观规划设计方案的实施效果。

景观生态学与现代园林规划设计联系紧密，现代园林规划设计离不开景观生态学理论。将景观生态学理论应用到现代园林规划设计当中，能够充分体现生态景观的价值。对于现代园林规划设计人员来讲，要根据现代园林植被的生长情况，科学运用景观生态学理论，并结合现代园林规划设计过程中经常遇到的问题，采取科学的解决方案，从根本上保证现代园林规划设计工作的顺利进行。

（二）加强对自然资源的保护

将景观生态学应用到现代园林规划设计当中，能够对现代园林自然资源起到良好的保护作用，由于现代园林中的自然植被数量比较多，增加了现代园林规划设计难度，通过合理应用景观生态学理论，能够保证现代园林中的生态体系结构更加完整，提升现代园林自然景观的观赏价值。对于现代园林规划设计人员来讲，要结合该地区的生态环境特点，适当加大人与自然的协调力度，结合生态系统运行过程中出现的问题，采取妥善的解决措施进行解决，保证现代园林中的自然资源得到更好的保护。

伴随城市经济的迅猛发展，生态环境破坏越来越严重，自然资源损耗率不断提升，环境保护问题逐渐引起人们的重视。在城市现代园林规划设计中，通过妥善运用景观生态学理论，能够保证城市社会结构更加完整，有效减少自然资源的浪费。

（三）提升现代园林规划设计的合理性

为了保证现代园林规划设计更加合理，在应用景观生态学理论时，规划设计人员要根据人们对现代园林景观的审美要求，构建更加科学的现代园林景观结构体系，进行科学的优化。对于现代园林规划设计人员来讲，在运用景观生态学理论时，要重点注意以下几个问题：①针对现代园林景观规划设计过程中经常出现的问题，提前制定好相关解决对策。②结合人们的审美需求，构建完善的现代园林景观规划体系。

除此之外，在运用景观生态学理论时，现代园林规划设计人员要将现代园林内部景观和城市自然景观进行有效结合，在保护生态环境质量的基础上，不断提升现代园林规划设计效果，有效减少生态环境污染。现代园林规划设计具有多层次的特点，需要满足人们的各项需求。在运用景观生态学理论时，规划设计人员要结合人们的实际需求，构建完善的知识体系，将自然生态景观与现代园林景观紧密结合，保证现代园林景观更加丰富，提高现代园林的生态效益。

综上，通过明确景观生态学与现代园林规划设计之间的关系，加强对自然资源的保护，提升现代园林规划设计的合理性，能够保证景观生态学理论在现代园林规划设计中得到更加合理的运用，减少现代园林资源的浪费。对于现代园林规划设计人员来讲，要定期更新景观生态学理论，并不断学习先进的设计方法，提升自身的现代园林规划设计水平，从而保证现代园林规划设计方案得到更加高效的实施。

第四节　现代园林规划设计理念与适应性原则

随着社会经济的发展，人们的审美能力有了明显提升，要求也越来越高，最突出的表现就是人们对生活环境提出了更高要求。现代园林规划设计作为改善环境的重要组成部分，逐渐受到人们的关注。建设高质量的现代园林对于满足人们对美好生活的追求具有现实意义。对城市现代园林进行规划设计，不仅能够改善城市环境，城市的历史、人文以及发展方向也都能够与群众相适应，所以要从多方面对现代园林做出调整，进而能够促使城市现代园林的可持续发展。

近些年来，随着城市发展速度的不断加快，城市生态环境问题也逐渐突显出来。城市现代园林作为城市居民娱乐休闲的重要场所，直接关系到居民的生活质量。对城市现代园林进行规划设计，不仅能够提高民众的生活质量，还能够提高城市现代园林的生态平衡，从而让城市环境变得更好。在进行城市现代园林规划设计时，要从民众的实际需求出发，结合现代园林的实际情况做出改善和保护措施。需要注意的是，所采取的措施要基于现代园林规划设计理念和适应性原则的基础之上，这样能够确保城市现代园林规划设计的合理性，从而保证城市现代园林规划设计能够顺利的进行。

现代城市现代园林规划设计相比较传统现代园林规划设计来说，是一种全新的现代园林设计模式，具有施工周期长、规划设计项目多以及参与施工人员多等特点，现代城市中现代园林规划设计并不只是为了满足城市发展的需求，现代园林规划设计的很多方面都是为了满足民众对现代园林的需求，从而能够满足民众的精神需求。随着城市发展进程的加快，城市现代园林规划设计也早已实施，而且在很多方面已取得良好成绩，但仍然存在很多不足，阻碍了城市的发展进度。因此，做好城市现代园林规划设计对于城市发展具有极大促进作用。

一、现代园林规划设计的理念

（一）现代园林规划设计要具有艺术性

对于现代城市现代园林来说，主要特征之一就是艺术性。这也是城市现代园林规划设计的初衷，希望能够通过提高现代园林的艺术性满足民众对现代园林景观艺术性的追求。

在对城市现代园林进行规划设计时，设计师可以选择进行单独现代园林景观的设计，采取有效措施将多个单独的现代园林景观进行有效整合，这样能够充分体现出现代园林的艺术魅力。如，圆明园和颐和园等古代皇家现代园林，设计师是通过将山水、树木以及亭台楼阁等单一景观进行整体结合，最终形成艺术性较强的现代园林景观。所以现代园林设计师也要善于利用当前拥有的所有资源，将所有单独景观进行整合，这样既能体现出现代园林的艺术性，也能让民众感受到城市现代园林特有的魅力。

（二）现代园林规划设计要具有历史性

每个城市都有各自的发展历史，城市现代园林的规划设计自然也要体现出城市的历史，所以现代园林规划设计要具有历史性。如果脱离了历史，现代园林的艺术性也会大打折扣。城市现代园林规划设计人员需要将城市的发展历史以及人文等内容融入现代园林的规划设计中，让城市现代园林能够散发出城市历史文化的气息，这样不仅能够促进城市历史文化的传承，城市现代园林的地位也会得到一定提升。

（三）现代园林规划设计要具有人性化

对城市现代园林进行规划设计的最终目的就是为了满足城市居民的需求，所以现代园林规划设计中自然也需要具有人性化，这也是现代园林规划设计的基础。对城市现代园林进行人性化设计，主要包括休息区域和遮蔽风雨区域等，除了要考虑到普通游览者的需求，还要尽量满足特殊游览者的需求。如，在现代园林区域内设置残障人士专用通道，对于老、幼以及孕妇等设置专用休息室等，这样一来，城市现代园林规划设计的成果才会得到游览人员的认可。

（四）现代园林规划设计要具有生态性

在社会经济发展的过程中，生态环境污染问题也变得越来越严重，不仅阻碍了城市经济的发展，甚至影响人们的日常生活。城市现代园林规划设计的初衷就是构建一个良好的城市生态环境，让更多的人感受到自然的和谐与美好。如，美国纽约的中央公园便是一个在城市中心建设的自然生态公园。中央公园的建立有效地保护了纽约的生态环境，这也成了世界各大城市争相模仿的典范。所以在进行城市现代园林规划设计时，一定要融入生态性的特点，这样才能够促进城市的发展建设。

二、现代园林规划设计的适应性原则

（一）与自然生态环境相适应

工业在城市发展中起到支柱作用，随着工业发展进程的加快，所造成的环境污染问题也会愈加严重。一旦城市环境遭到破坏，不仅会阻碍城市经济发展，还会影响城市居民的正常生活，甚至会威胁城市居民的生命安全和健康。就目前情况来看，世界上大多数国家都面临着不同程度的环境问题，竭尽全力改善城市生态环境，城市现代园林规划设计恰好能够满足城市发展需求，因此受到极大关注。城市现代园林规划设计不能盲目进行，毫无目标，应该根据城市所处地区以及气温和气候的变化对现代园林进行有效规划设计，从而使城市现代园林规划设计能够与自然生态环境相适应。如，我国南方城市，由于地处亚热带地区，不仅常年高温，降水充沛，而且河流很多，在进行城市现代园林规划设计时，对河流资源要充分运用，这样不仅能够减少现代园林改造的成本，还能够实现现代园林与自然生态环境的和谐统一。除此以外，城市现代园林在规划设计的过程中，要做好不同类型植物的合理搭配，在喧闹的城市里为民众创造一个休闲娱乐的生活空间，从而满足城市居民的精神需求。

（二）与城市居民的需求相适应

城市现代园林规划设计的目的既是为了能够紧跟城市发展建设的脚步，也是为了满足城市民众的需求，所以在进行城市现代园林规划设计时，应充分采纳民众的意见，并根据民众的需求进行城市现代园林的规划设计。如，广大民众希望能够游历全国，但现实中受到很多阻碍。锦绣中华公园就是为满足大众的这一需求而创建的公园，锦绣中华公园成功的将国内各大风景名胜进行微缩仿造，并且按照景区在中国地图上的分布进行布置，也因此获得了“万园之园”的称号。锦绣中华公园不仅突出了自身的特色，而且能够充分满足城市居民的需求，对于城市的发展起到了极大的促进作用。

（三）与城市的历史文化相适应

现代园林是城市的重要组成部分，但仅依靠现代园林景观无法发挥城市现代园林的作用，还需要提升城市现代园林的人文气息，并且与城市的历史文化相适应，所以在进行城市现代园林规划设计时，历史文化一项也是重要内容。历史文化的融入，城市现代园林带给民众的就不只是对现代园林外部景观的欣赏，还能够从现代园林景观中感受到历史文化的气息，并且能够使居民的自豪感得到一定增强。城市现代园林规划设计中融入历史文化，将成为现代园林改造的核心内容，既能丰富现代园林的内涵，还能够提升现代园林的知名度。所以现代园林规划设计师要落实历史文化的融入工作，促使城市现代园林成为传承历史文化的载体，并且能够极大满足游览者的精神需求。

（四）与社会发展相适应

随着社会发展进程的加快，人们对精神生活也提出了更高要求，城市现代园林的改善，在满足人们对精神生活的追求上能够发挥巨大作用。城市现代园林规划设计要坚持创新、独特以及特点鲜明的原则，要带有一定超前性，能够满足城市发展的需求。现代园林规划设计师在对城市现代园林进行设计前，需要遵循两点原则：以大众需求为基础进行设计；以城市快速发展，人们对新鲜事物的兴趣为基础进行设计。在设计过程中，设计师还要考虑大众审美能力和需求，对自然资源和历史文化进行合理搭配，从而打造出风格独特的城市现代园林景观，不仅能够使城市的形象得到提升，还能够促进城市发展。

综上所述，城市现代园林规划设计是城市现代化发展建设的必然趋势。城市现代园林的合理规划设计，在提高民众生活质量、改善城市生态环境、提高城市知名度方面都发挥了巨大作用。为了能够更好地落实城市现代园林的规划设计，要充分渗透现代园林规划设计理念，坚持适应性原则，创造符合城市发展的现代园林景观，有效促进城市可持续发展。

第五节　现代园林规划设计中的生态理念融入

在过去很长一段时间里人类为了发展工业与经济对自然资源进行了过度开发，引起了一系列生态环境问题。如今人们已经逐渐认识到了这一问题的严重性，开始采取一些措施来保护和改善生态环境，这点在现代园林规划设计中就有所体现。本节主要针对现代园林规划设计中的生态理念融入进行了探讨。

如今，随着我国工业发展的不断进步与社会经济发展速度的不断加快，带来的生态环境问题也越来越多，特别是在由钢筋水泥铸成的城市中，生态环境问题日益严峻。众所周知，无论是工业发展，还是经济发展，都不能以牺牲环境为代价，必须兼顾生态环境保护，否则将会给子孙后代遗留下无数祸患。因此，在现代各类工程的规划设计中，都越来越重视生态理念的融入，而现代园林工程作为城市中的一类重要工程，更应当要在规划设计中融入生态理念。以下联系实际来浅要谈谈现代园林规划设计中的生态理念融入，仅供参考：

一、现代园林规划设计中的生态理念融入的意义

之所以要在现代园林规划设计中融入生态理念，其根本目的是为了更好地利用自然资源和绿色植物等来建立科学的现代园林生态结构，从而有效调节生态平衡，为人们打造出一个具有良性循环的城市生活环境。随着现代人物质生活水平的不断提升与健康意识的不断增强，大家对城市环境的要求也越来越高，而现代园林工程作为城市中的一类重要工程，其在规划设计中必须要重视生态理念的融入，这样才能够打造出人们所需求的生态化现代园林景观。其次，通过在现代园林规划设计中融入生态理念，还可以提高现代园林景观设计的艺术性，进而提升城市的整体建设效果。可见，将生态理念融入现代园林规划设计中具有十分重要的现实意义。

二、现代园林规划设计中的生态理念融入的原则

（一）整体规划原则

若想在现代园林规划设计中有效融入生态理念，就必须要着眼于全局，做好现代园林工程的整体规划。在现代园林的前期规划设计阶段，就要对城市中原有的环境系统做好全面细致的考察与调查，在有效掌握城市环境系统资料的基础上，进行最优化的现代园林整体规划设计。在现代园林整体规划设计中，必须要依据先规划、后建设的原则，即一切施

工建设都要建立在合理的规划方案的基础上，并始终将科学发展观摆放在首位，在现代园林的各个细节当中都充分融入生态理念。

（二）生态有限原则

任何自然资源都是有限的，这即是生态有限的意思。所以我们不能对自然资源进行随意索取和浪费，而应当对它们进行合理的规划与使用，从而物尽其用，最大限度地发挥出自然资源的价值。所以，在现代园林规划设计中，若想有效融入生态理念，就必须要遵循生态有限原则。以水资源为例，在现代园林规划设计中，无论对于城市内部亦或城市周边区域的胡泊、河流以及沟渠等，都应当要尽可能地纳入到自然排水系统当中，从而实现对水资源的循环利用，以提高水资源的自然积存和净化能力，强化生态系统的自然修复能力。

（三）因地制宜原则

我国幅员辽阔，跨越了多种不同的气候地带，所以不同地区所表现出的生态环境特征往往各不相同。而在不同地区进行现代园林规划设计时，不能够一概而论，而应当要根据当地的实际生态环境特征来合理规划设计。换言之，要懂得在现代园林规划设计时因地制宜。具体来说，在进行现代园林规划设计前，首先要对地域环境和水文等条件进行全面勘察，收集完整的相关环境资料，据此制订具有针对性的规划设计方案。

（四）尊重文化原则

我国历史悠久、文化底蕴深厚，且不同地区往往有着不同的文化特点，这种文化特点也体现在了当地的现代园林风格上。现代园林本身就是城市中的重要景观组成，它的设计必须要符合当地的文化特点，且能够反映出当地的人文风貌，只有如此，才能够使现代园林成为城市中的特色景观工程。

（五）安全防范原则

虽然在现代园林规划设计中融入生态理念可以强化自然生态系统本身的作用，但这并不代表着完全不需要人工干预，在安全防范方面，人工干预的作用仍是不可替代的。只有通过有效的人工干预来加强安全防范，才能够保证现代园林规划设计的安全性，所以在生态化的现代园林规划设计中还应当要遵循安全防范原则。

三、现代园林规划设计中的生态理念融入的策略

（一）植物配置策略

在生态化的现代园林规划设计中，首先在植物配置方面必须要注重植物配置的多样化。自然界中的植物种类数之不清，在现代园林的植物配置过程中，不能只应用一种或者几种植物，而应当要尽量选用更多种类的适合植物来为现代园林增添活力与色彩。如果现代园林中的植物种类太过单一化，那么很容易让人感到审美疲劳，从而很快失去观赏兴趣。而只有在植物配置多样化的现代园林当中，人们才会长久地保持对现代园林的游赏热情。但

植物配置多样化并非盲目地选用一堆各种各样的植物来乱配一通，而应当要对植物进行合理选择，并且优先选择乡土植物。因为乡土植物对当地的地理环境、气候特点、土壤类型等均有着极强的适应性，成活更容易、管理更方便；同时乡土植物的资源也更加丰富，在采购、运输等方面的成本更低；乡土植物还有利于维护地域生态平衡，能够避免因大量使用外来植物而使当地原本生态系统遭到破坏的情况。另外，还要充分应用绿色环保和保健型植物，前者如可滞留烟尘和吸收污染物的女贞、雪松、香樟、银杏、侧柏等，后者如可祛风止痛的香樟、可防治结核细菌的松柏、可防治心脑血管疾病的银杏等。总之，通过合理选择植物种类，并根据它们的不同树形、线条、色彩及质地等进行合理搭配，既可以使现代园林中的植物群落显得更加布局和谐、色彩美观、节奏有序，又可以起到稳定种群的作用。

（二）水景打造策略

水景是现代园林中的重要景观组成。中国传统观念认为，水是灵气之所在，所以为了在现代园林规划设计中充分融入生态理念，应当要重视现代园林中的水景打造。在水景设计中，首先要合理选择各类用于固定模板的螺栓、铁丝等部件，并注意不能使螺栓和铁丝直接穿过池壁。其次，在预埋套管时，要注意严格按照规范操作步骤，即先在套管外侧应用焊止水环、在套管内部穿上螺栓，再拆除固定模板、取出螺栓，最后再采用膨胀水泥砂浆将套管牢牢封住。另外，在混凝土结构设计中也要注意根据实际情况合理设计，保证在混凝土浇筑时一次性浇筑完成。

（三）假山打造策略

假山也是现代园林中的重要景观组成。通过打造假山，既能够提高现代园林的生态化水平，又能够提高现代园林景观的艺术格调。一般情况下，现代园林中的假山都是采用特置、散置及群置等几种形式来进行放置的。在具体设计中，可以根据现代园林的整体规划布局来进行合理安排。同时，还要在假山周围配置上相应的亭台与生态植物，以使局部景观显得更加自然和真实。

综上所述，生态化的现代园林景观的特点在于有着多层次、多结构及多功能的植物群落，可以供人类、动物及植物和谐相处。通过在现代园林规划设计中融入生态理念，不但有助于保护城市生态环境，同时还能够提升现代园林景观效果，所以在现代园林规划设计中应当要重视生态理念的融入。

第二章　现代园林植物规划设计

第一节　现代园林规划设计中的植物保护问题

在经济发展的大背景下，现代园林绿化在近年来发展势头较足，逐渐引起人们的重视。同时，由于被多种因素影响，现代园林绿化中的病虫害呈现逐渐恶化的趋势，因此如何在进行现代园林规划设计时有效保护植物便成为本节的研究重点。

如果在进行现代园林系统的规划设计时没有考虑周全，就会在后期埋下一定的隐患，例如，由于植物种配不合理有可能会引发病虫害问题，那么这就不是一个成功的现代园林规划设计。因此，在前期一定要进行合理的规划设计。

一、现代园林规划设计中存在的问题

现代园林系统中植物种植和种类的分布都是有一定科学依据的，不能只考虑美观性，而忽略了生态系统的平衡。有些植物从生物学的角度来说会吸引一些小飞虫，如果规划设计时忽略了这一点，将这种植物进行密集种植，将有可能会引发一些病虫害，甚至有可能传播病毒，威胁到人们的健康。

植物保护作用的重要性在现代园林系统中较为重要，种类的选择也是重中之重。要想现代园林规划设计方案更为科学合理，设计者就应当熟练掌握相关的专业知识，在进行规划设计时综合考虑各种因素。现代园林系统的视觉效果固然重要，但是也不能因此忽略了植物的保护作用。

进行现代园林系统的规划设计时，除了要合理选择植物的种类和进行科学的布局，设计者还应制定到预防害虫的对策，注意防止食叶害虫、蛀食性害虫等对植物和整个现代园林系统造成不可逆转的伤害。

二、现代园林植物保护中有效预防病虫害相关对策

（一）注重种苗本地化、乡土化

与外来植物相比，本土的植物自然更能适应当地的气候，从而能够更好地生长。另外，在对抗当地病虫害的能力方面，本土植物则也更有优势，在植物保护方面不需要给予过多

的精力投入。但是，对引入的外来物种需要投入大量的人力和物力进行培育和观察，相对来说，成本较高。而且水土不服、长势不好的外来物种还容易引发病虫害。因此，设计者在选择植物的种类时，要考虑到该植物是否能够适应环境和是否会引发病虫害等问题，进行合理的现代园林系统规划设计。

（二）种植设计合理化、科学化

植物与植物，植物与环境并非是独立的个体，而是存在一定联系的。这就要求设计者在进行现代园林系统的规划设计时，一定要考虑到所选植物与其他植物和环境是否会产生相克。如果不慎将相克的植物、环境搭配在一起，比如，某种植物不宜近水，近水则容易滋生病虫，设计者却将这类植物种植在水域附近，这样就属于人为造成病虫害。同时也要注意哪些植物会彼此互利共生，设计者应充分利用这些植物的属性使植物在现代园林系统中获得绝佳的生长条件，可以起到预防病虫害的效果。

三、现代园林植物保护的主要技术措施

（一）测报防治

要想有效预防病虫害的侵袭，就必须重视防治工作，而及时测报是防治工作的重中之重。测报的主要内容主要是植物的自身生长情况和水分情况，另外也要结合不同种类病虫害发生的规律进行及时观察和测报，一旦出现病虫害的苗头应予以及时掐灭，避免情况恶化。这就要求测报人员不仅需要具有一定的专业素养，也要具有一定的经验，测报人员在这个过程中要通过对测报仪器的熟练使用，分析相应的数据，进行准确的测报。实施针对性的防治措施是建立在测报足够准确的基础上的，如果测报不准确，就无法有效防止病虫害的发生，也无法起到保护植物的作用，后期就会耗费大量的人力和物力来控制病虫害和保护植物，经济损失较大。

（二）合理使用农药和药械

农药和药械无论是在保护植物方面还是在防止病虫害方面都能起到一定的效果，前提是必须合理利用农药和药械来进行对植物的保护，如果农药施加太少或过多都会影响植物的正常生长。随着经济的发展，以往的农药和药械已经不能满足目前植保工作的需求，因此，在现代园林系统的植保工作方面，也要注意适时引进一些新的产品，用合适的高科技手段进行植保工作将会事半功倍，还能有效防治病虫害。

（三）建档管理

现代园林植保工作中，档案管理占了较大的比重，现代园林中植物的生长情况和病虫害发生情况等都需要实施建档管理，而且这些档案资料一定要准确清晰，否则将不利于植保工作的顺利进行。在实施植保工作时，通过对这些档案的查阅，能够使植保工作更有条理，从而实现植保工作的最终目标。

（四）实验室病虫检疫

病虫检疫工作在现代园林系统植保工作的规划设计中也占据了较大的比重。通过建立小型实验室，可以为检疫工作创造一个优良的检疫环境。如果发现植物生长不良的现象，检疫人员必须严谨仔细地对病原体进行筛检，如果不是由病原体引起的植物生长不良，检疫人员也要认真严谨地分析土壤、肥料和环境中是否存在导致植物生长不良的因素。如果出现检疫人员无法及时作出判断的病虫害，应在室内安置培养皿进行病原体的培养和观察，课题研究也是必不可少的研究步骤。一旦引入新物种，检疫工作必须加大强度。如果因为检疫工作不够细致和谨慎导致出现“生物入侵”，将会对现代园林系统中的植物造成不可逆转的伤害，后果极为严重。因此，检疫人员不仅需要具备出众的专业素养，还需要在工作中坚持严谨踏实、细致耐心的工作原则。

总的来说，设计者要想设计出成功的现代园林规划案例，就必须重视植物种类的选择，选择合适的植物种类进行种植，就在一定程度上降低了后续工作的难度，并且也有利于病虫害的防治工作降低成本，减少经济损失。

第二节　现代园林规划设计和现代园林植物保护

社会经济的不断发展，城市化进程的逐步加快，城市现代园林绿化在城市建设中的重要性越来越突出，而现代园林规划设计和现代园林植物保护作为现代园林绿化的重要环节，对城市发展也具有很深刻的影响。由于绿化植物受到了现代园林设计特点、植物种类单一以及一些其他因素的影响，容易出现病虫害问题，给现代园林景观造成一定影响。本节主要对现代园林规划设计与现代园林植物保护的重要性、在现代园林规划设计中植物保护措施存在的问题以及具体解决办法进行分析。

从现阶段我国现代园林设计发展情况看，由于受到环境等多方面影响，植物保护工作存在很大的阻碍。为了促使城市现代园林工程能够符合城市发展需求，应当在规划、设计以及后期养护各项工作中，提高对各方面工作的协调统筹，使用先进技术对现代园林建设以及现代园林植物保护方法创新提供助力，并有效落实，从而实现现代园林人工生态系统的稳定发展。因此，本节对现代园林规划设计和现代园林植物保护的研究具有重要意义。

一、现代园林规划设计与现代园林植物保护的必要性

城市现代园林景观的建设在一定程度上代表着城市化发展情况，良好的城市现代园林景观可以为人们日常生活提供美好的风景，更好的丰富生活体验，在一定程度上提高精神生活质量。通过建设良好的城市现代园林景观，可以推动城市发展，实现构建魅力城市的目标。在城市生态环境中，通过有效的现代园林绿化建设，最终实现建设和谐文明社会的

长远发展目标，在一定程度上促进城市化发展。经过不断发展后，实现构建良好城市环境的目标，促使人类与自然和谐相处，实现可持续发展。但是由于大环境的影响，会出现一些不可避免的危害因素，如病虫害等问题。因此，需要优化城市现代园林绿化工程规划以及设计工作，尤其是在现代园林规划中的植物保护工作，需要对具体问题具体分析，及时发现发病机理和防治最佳时间，不断提高综合防治病虫害的能力，进而全面提高现代园林景观效果。

二、现代园林规划设计中植物保护工作存在的问题

（一）植物种类单一

对于病虫害问题，可以通过生物多样性来进行有效控制，植物多样性越丰富，病虫害发生危害的机率就越低。比如针对杨树的天牛虫害问题，可以规划种植多种草木植被，充分利用现代园林植物多样性的特点，让其它植物挥发出引诱激素，达到防治虫害的目标，事实证明，此种方法的运用起到了很好的效果，不仅极大丰富了现代园林植被的层次性和多样性，还能提升植被的抗病虫害能力。目前，在很多现代园林规划设计实例中，尚未对多样化植物栽种给予足够的重视，过分强调单一的物种栽种，难以实现现代园林整体的美感。并且由于物种的单一，会影响植物抗病虫害的能力。因此，在现代园林规划设计中，需要在满足人们生活娱乐、体验美感的需求基础上，保护好植物，充分让绿化植物发挥作用，进而实现增强现代园林绿化景观效果的长久发展目标。从整体结构上看，目前的现代园林规划设计，虽然体现出了一种美，但是在配置方面，绿化植物种类显得过于单一，并且抵御病虫害的能力不高。

（二）过于注重引进外来物种

不同的城市在现代园林规划设计中有不同的标准，有些城市只是一味地追求现代园林美观，引入了很多境外的绿化植物，用以增强现代园林景观色彩效果，希望利用这些外来植物给城市添加美感。实际上，虽然这种做法可以在短期内呈现出良好的现代园林观赏效果，但是盲目地引进外来植物，不仅在引进时需要花费大量的资金，在后期的养护工作中还要投入更多资金。另外，由于大自然气候、环境等不可确定因素的影响，这些外来物种很可能出现生长缓慢、成活率低、病虫害频繁等问题。与此同时，城市只是一味地利用外来树种来美化，容易引发生物种入侵问题，给生态环境带来严重影响，甚至在一定程度上对社会经济发展造成影响。

（三）农药不正当使用

在防治现代园林植物病虫害时，目前我国多采用喷洒农药的化学防治方法。但是此种办法效率低且防治效果有限。再者，不断使用农药去防治病虫害，会对生态环境造成更大的危害。要知道，通过化学农药防治病虫害，在短时期内可以收到一定的效果，但是，残

留在植被上的农药非常顽固，不是简单的雨水冲刷就可以清除干净的，甚至会渗透到土壤中，很容易导致水土受到污染，造成不利影响。

三、现代园林规划设计与现代园林植物保护的具体办法

（一）利用植物间相互制约的关系

通过上文的分析我们知道，在开展城市现代园林工程规划设计工作时，相关设计部门需要分析植物与环境、不同植物之间的关系，掌握植物间的生长发育规律并合理利用，如化感、它感的作用等等，针对植物的生长规律合理地分析与研究，然后积极借鉴成功经验，按照当地情况对其进行优化配置。

在具体工作中，需要进行全面的规划设计，在此期间，需要全面分析植物之间的关系，充分应用植物间地化感作用。例如，苹—桧锈病，一般情况下会出现转主寄生的情况，如果不能合理控制、谨慎处理，很容易出现果树大面积死亡的现象。以桧柏类常绿针叶植物、海棠类植物为例，如果两种植物栽种在一起，可能初期不会有问题，但随着时间的推移，一定会引发锈病，此种病症会给果树带来严重的后果。因此，在规划种植桧柏类常绿针叶植物、海棠类植物时，必须控制好植株之间的距离，这样可以规避一些病虫害。此外，如果能很好地利用一些特殊的物种，比如多种植一些芸香科植物以及蜜源植物，一方面可以有效地预防病虫害的发生，另一方面也可以对其它植物的生长发育起到一定促进作用。

（二）发挥本土绿化树种价值

在现代园林规划设计中，尽量选用本地的植被。主要是因为栽种外地树苗，不仅前期需要远距离的运输，还要用很长的时间考察其适应性，需要耗费大量的运输资金，且容易发生树苗自然死亡的情况，这无疑增加了现代园林建造的成本。因此，在城市现代园林规划设计中，建议多利用本地的苗木，本地树种具有很强的适应性，在一定程度上可以提升其病虫害的抵抗能力。在具体工作中，选择本土类型的植物，这样可以缩减运输时间与成本。更重要的是，利用本土树种建造现代园林，可以极大地突显出当地的景观特色，起到传承地域文化的作用，对发扬当地特有的现代园林文化精神有一定作用。

（三）注重构建植物间的微环境

在生态系统中，植物作为其中的重要组成部分，阳光、水分以及空间都是植物生长发育的必备条件。阳光的多少对植物存活具有决定性作用，同样，植物生长也需要水分来进行营造物质的传输。可见，为了使得植物健康生长，需要建立植物间的微环境。如果在设计中植物的种植密度很高，就会使得植被彼此影响，例如，影响光照的吸收，导致缺少必要的能量，进而引发植被生长不顺，严重的会导致植株死亡，从而引发现代园林生态失衡。可是如果种植的植物过多，又会出现争抢水源以及养分的情况，植物混种也容易出现病虫害问题，不仅无法促进植物的健康生长，还会出现植株死亡的情况，造成经济损失。因此，

在种植绿化植被时，应当对种植栽培密度合理规划，保证绿化植物间距合理性，同时需要满足不同植物的生长空间需求，给植物整提供充足的阳光、空气以及养分，促进植物健康生长，从而全面提高植物抗病虫害能力，增强现代园林景观的效果。

（四）实现植物多样性

通过增加绿化植物的种植，可以促进现代园林植物多样性。在植物种植方面，需要对植物、环境、微生物以及动物之间的生态关系综合考量，避免出现大量种植同一种植物。在城市现代园林生态系统中，要实现植物多样性的规划、种植与后续的各种工作正常进行，使相关的生态系统全面发展。与此同时，在工作中还需将优化环境作为主要目标，按照当地的实际情况进行规划设计，丰富现代园林植物种类，更好地为人们服务，营造良好的景观环境，贯彻可持续发展理念，形成符合当地地域文化环境发展需求的植物栽种模式。

（五）节约型现代园林理念的实践应用

我国城市现代园林景观呈现出节约的设计发展方向，也是现代园林设计实现可持续发展的必要途径。通过对植物的科学规划设计、合理配置，从而达到生态系统平衡。利用有限的土地，建设环保优美的现代园林生态景观，不仅节约了土地资源，也降低了现代园林建设成本。合理种植本土植物，通过优化种植结构，改善植被对环境的保护作用，这样不仅能够促使植被病虫害抵抗能力增强，还能从根本上降低养护和管理工作的成本，整体上实现各方面工作顺利实施，从而形成良好的工作氛围，对节约型现代园林的发展具有重要作用。

综上所述，为了实现现代园林景观设计的发展，需要相关单位的共同努力，从城市现代园林景观建设地区的特点和气候环境等角度出发，开展相关的现代园林规划设计工作，将其和植物保护工作相互结合，因地制宜，有效解决目前现代园林规划设计中存在的问题。

第三节　现代园林园艺植物景观的设计与规划

随着国家经济水平和科技水平的飞速发展，人们的物质生活有了质的提高，人类在饮食方面，不仅仅是追求温饱这么简单，他们更看重的是产品是否健康、绿色，也更加重视精神文化生活。人们的教育投资理念也不断增强，娱乐方式更加丰富多样。在现代园林设计、家装方面都有着严格的要求。因此，现代园林园艺植物景观的设计与规划更受到人们的关注。针对此问题，本节重点研究了现代园林园艺植物景观设计的必要性，以及在规划过程中的核心要点和应遵循的原则要素。

随着国家经济和科技水平的飞速进步，我国建筑行业得到了突飞猛进的发展，为人们的生活和出行带来了极大的方便，人们在享受科技带来美好生活的同时，也要注意它们给社会带来的弊端，如生活环境不断遭到污染和破坏。当人们意识到环境的重要性时，全国开展了对环境保护的研究与调查，提出了“绿水青山就是金山银山”的发展理念，一切发展要以保护环境为前提。设计和规划现代园林的植物景观不仅能提高人们的审美，而且符合国家的号召，具有很强的观赏性和实用性，越来越受到人们的重视。

一、现代园林园艺植物景观设计和规划的意义

现代园林园艺植物景观设计和规划有着久远的历史，在我国古典现代园林设计中有着鲜明的艺术特点。在古时候，现代园林设计最主要的一大特色就是将诗歌词赋运用到现代园林的设计中。人们走在现代园林中，会感受到诗情画意，情与景相融合，赋予现代园林清淡优雅的风格，成为我国珍贵的历史宝藏。随着国家实行改革开放政策，生态现代园林这一设计课题被展开研究。这一观念的提出，意味着现代园林建设不单单是基础性建设，更要提倡保护环境，对中国未来可持续发展和健康的生活有着积极的影响。

为了能够实现以上目标，植物景观在现代园林中的设计和规划就显得尤为重要。一个好的现代园林景观设计不仅能够让现代园林显得更加漂亮，还可以让整个设计充满着艺术气息，赋予艺术美，在美化现代园林的同时，还能够保护现代园林的生态环境。不同的植物对现代园林环境有着不同的效果，对空气中的有害气体有着不同的吸附能力，并且还能调整现代园林的湿度和温度，帮助净化现代园林的空气。现代园林设计工作者应该熟知每个植物的生活习性和作用，要根据现代园林的地域性和周围建筑来选择适合的现代园林园艺，来达到净化空气的目的。所以，对现代园林园艺植物景观的设计与规划是非常有必要的，它不仅有利于人们的生活健康，而且会改善社会环境，净化空气，对我国环境的改善有积极的意义。

二、现代园林园艺植物设计与规划应遵循的原则

实现植物与现代园林的自然和谐是现代园林园艺植物景观设计与规划的核心。我国国土辽阔，广袤无垠，有多样化的自然气候和地理环境，因此，我国各地的植物有着不同的生活习性和观赏价值。例如，受水分的影响，我国从东到西的植被，东部是森林带，中部是草原带，而西部则是荒漠带。受气候的影响，高山植物大多数低矮、近地，而热带雨林的植物常年青绿，树木高大。华南地区一般是灌木树林，华北地区更多的是林木，东北地区则生长大量的奇珍异宝的中草药。现代园林设计者可以根据不同的地域环境，对现代园林植物景观进行设计和规划。因时、因地制宜，实现我国可持续发展的战略目标。

（一）根据植物不同的功能进行合理分配

不同的绿植具有不同的功能设计，例如，马路两旁的绿植要具有夏季为行人遮荫、美化街景、降低噪声、吸收灰尘的作用，根据这种需求，选择合适的绿植进行分行栽种，一般选用的绿植具有生命力顽强，成活率高的特点，庞大的乔木则是最佳选择。这样不仅满足了美化环境的要求，而且达到整体设计的需要。

（二）根据植物的形态和生活习性和选择合适的树木

在现代园林园艺植物设计中，一定要合理分配植物的布局，现代园林建筑修葺后，便会形成一种稳定的植物群落关系。植物种类颇多，植物的形态也千差万别，不同的植物具有不同的样貌和形态，叶子形状、花朵、果色等各不相同。现代园林设计者要把不同的植物形态设计一个整体的效果，既可以单独去欣赏一种植物，也可以去感受整体美。当然，也要考虑到不同植物在不同季节的生活习性，在不同的季节里感受植物的不同形态和韵味。

（三）根据植物的景观进行合理的搭配

对于植物景观的设计主要有两方面：一方面是纯植物的景观设计，一般包括开敞的空间、半开敞的空间等多种样式。另一方面是植物与其他景观相结合的设计，例如与建筑、道路、山水、娱乐设施等。与多种元素相结合，互相衬托。在现代园林景观整体设计中，要充分利用不同的景观特点，来形成令人舒服的风格，呈现预期的景观效果。景观设计的类型不相同，要选择不同的装修植物。

三、改进现代园林园艺植物景观规划的措施

（一）遵循以人为本的原则

现代园林景观设计最终是要为居民所服务的，景观设计的布局风格、特点直接影响到居民的生活环境和工作，以及现代园林游玩的心情，影响居民情绪。所以，在整个设计中，要坚持以人为本的原则，充分考虑居民的感受，预测居民的意见和反响。在设计完成后，可以进行调查，让居民填写问卷，以这种方式，调查居民对景观设计的意见和反馈。根据调查结果，最终确定一个设计方案来进行施工。居民作为景观设计直接影响者，有权利去进行现代园林的规划和设计。

（二）增加乔灌木的栽种

传统的城市现代园林设计与规划中，大多数采用“见缝插绿”的设计思想模式，这样做，会大大降低植物景观的生态价值，经济效益也会下降。所以，在现代园林设计中，要打破传统的现代园林设计和模式，采用开放性、个性、前瞻性的设计理念。在设计前期，要大量考察城市绿化的显示需求和城市规划的力度，争取为绿化建设获取更多的土地面积。在这些基础上，要增加乔灌木的种植，形成有群落特征的植物景观，提升植物景观的生态和经济价值，此外，对绿植景观的管控力度要加强，投入一定的资金，保证绿植景观高质量、高效率生长。营造一个可持续发展的生态环境，实现人与自然和谐共处。

（三）因地制宜，科学的选择乡土进行种植

与其他的城市化建筑工程相比，现代园林园艺绿植具有系统化、专业化的特征，因此，在现代园林整体设计和规划中不能以一概全，要因地制宜，选用乡土进行种植，提高绿植的成活率，为绿植的生长打下坚实的基础。这就需要现代园林设计者考察当地的土地样貌、

气候特点、水文变化情况等，进行针对性的种植。可以选用价值性高的乡土进行树种。这样做不但能增加现代园林景观的观赏性，而且能够突出城市的特色。

（四）注重感官体验

大多数的现代园林是给人们休息、娱乐的地方，因此，现代园林的景观设计要符合人民的感官体验。现代园林设计者要根据地域的不同，设计不一样的现代园林景观，要被当地人们所接受。尤其是少数民族地区，有很多的禁忌和当地的风土人情，在现代园林设计之前，设计者要充分了解当地的习惯和风俗，除此之外，也可以加入当地的一些特色元素，满足当地人民的感官体验。这样，现代园林园艺景观设计才有了真正的价值和意义。

（五）增加绿化面积

每个城市对当地的绿化面积有一定的要求，在城市现代园林建设中，如果仅仅依靠路边的绿化带来完成绿植覆盖率，是完全不够的。在现代园林园艺绿植景观的设计和规划中，结合城市的道路、停车场、屋顶等，发展立体绿化，增加绿植的覆盖面积。这样不仅能增加城市绿地景观的艺术效果，而且提升了城市生态环境质量。

目前这个阶段，要加大对现代园林园艺绿植的建设，提高绿植设计和规划的科学性，不但要为我国人民群众提高更优质的服务、营造更舒适的环境，还要彰显我国文化特点和经济水平。现代园林园艺的绿植景观设计要遵循绿植的生长规律，合理布局，因地制宜，进行科学化种植，符合当地人民的感官体验，增加绿地的种植面积，真正做到改善生活环境、提升城市美感、增加城市绿化的生态和经济价值。作为负责现代园林园艺绿植设计和规划的相关人员，更应该关心这一工作的开展，要坚决落实相关的要求，重视现代园林园艺绿植的建设，让城市和现代园林园艺共同发展，深刻贯彻低碳环保观念，实现人与自然和谐共存。

第四节　现代园林设计规划中乡土植物的应用

在现代化的城市建设中，现代园林景观建筑的受重视程度越来越高，现代园林绿化要求也越来越高，现代园林绿化作为城市现代园林建设中的一项重要内容，其设计规划要统筹考虑，重点实施。乡土植物种植作为城市现代园林绿化的重要手段，具有其他植物无法比拟的诸多优势。乡土植物具有很强的生态适应性，便于种植，地域特色明显，易于人们接受，管理方便，养护成本低，可以短时间内见到效益，因此，在城市现代园林景观的设计规划中要加强乡土植物的应用。本节简要阐述了乡土植物的概念和重要性，分析了乡土植物的特征以及在现代园林设计规划中的应用优势，并探讨了乡土植物在现代园林设计规划中的应用策略，希望为城市景观现代园林建设做出积极的贡献。

我国经济高速向前发展，城市化建设不断加快，与此同时，我国也在加强城市生态文明建设，促进社会经济和生态环境全面发展。现代城市的建设规模越来越大，城市与乡村之间的隔阂越拉越大，越来越需要现代园林建设发挥连接作用。城市现代园林绿化中应用乡土植物，和其他物种植物相互搭配，不仅可以丰富城市现代园林景观的设计风格，使城市风景与乡土风情相结合，使人们在繁忙的城市生活工作中有一个放松自我，亲近乡土气息的机会。乡土植物还可以凸显所在地域的特色，给旅游人们展示本地的自然风光。如今城市现代园林建设不断加快，乡土植物作为现代园林绿化植物的重要组成部分，在城市现代园林绿化的建设过程中要发挥其独特作用。

一、乡土植物概述

乡土植物简单从字面意思来理解就是指乡间本土植物。在所在地域乡间里，没有人为影响的情况下，经过长期的自然演变，对所在地域产生依赖性，并有着极强高度适应性的植物。这些乡间植物因为太常见、太普遍，往往被人们忽略，在之前的现代园林景观设计规划中很少应用。随着社会城市化进程不断加快，城市建设规模不断加大，乡村人口大量的涌入城市，人们对现代园林景观的设计规划中应用乡土植物的要求也越来越高，对传统的现代园林景观设计理念、设计风格等产生了很大的影响，城市现代园林设计逐渐向着生态化的方向发展，越来越多的乡土植物被大量应用到现代园林景观建造中。景观现代园林设计规划中将这些非常常见又容易被人忽视的乡土植物广泛应用，不仅增加了现代园林景观贴近自然的感觉，现代园林生态性大幅提升，还增加了现代园林景观的乡土气息，唤醒人们的乡土情怀，拉近城市与乡村的距离，给人们回归自然的感觉。

二、乡土植物在现代园林设计规划中应用的意义

乡土植物虽然非常普通常见，但是将乡土植物应用到景观现代园林设计中，与城市现代园林建筑进行合理搭配，会产生新的现代园林绿化特点，改变传统的单一绿化模式。乡土植物可以将乡间的自然生态气息带入城市化建设和生活环境，对城市现代园林的绿化和生态建设具有重要意义。乡土植物在所在地域进行了一系列的长期自然演变，非常适应当地的生态环境、自然气候、地质土壤和生物环境等。乡土植物的生命力还比较顽强，易于种植和后期维护，成活率高。有些乡土植物生长周期短，生长很快，可以在很短的时间里达到现代园林绿色的实施效果，种植成本低，见效快，减少植物的育种、栽植等方面人力、财力、物力的投入，对城市现代园林的经济效益提升有着重要的意义。传统的城市现代园林设计与规划往往要求整齐划一，植物种类也相对较少，乡土植物种类多样，无论是草本植物、灌木浆果，还是乔木树木，种类繁杂，姿态各异，城市现代园林景观设计规划广泛应用乡土植物，可以增加现代园林景观的空间搭配，层次多样，使人感受到自然界的趣味，使人很难产生审美疲劳，对城市现代园林景观植物和生态系统多样性有着重要的意义。

三、乡土植物在现代园林设计规划中的应用优势

（一）乡土植物具有非常强的适应性

乡土植物一般都是起源于当地或者在当地已经生长了多年，经历了相当长时间的自然选择后生存下来的，在当地具有非常强的适应性。在现代园林景观中，相较于其他引进的外地物种，遇到高温、干旱、洪灾、冷冻、病虫灾害等异常的气候环境，有很好的抵抗性和适应性。如果突然遇到这种极端天气或者自然灾害，现代园林引进的外地物种会产生很大的损害，直接影响着现代园林景观的植物生长。有时引进的外地物种竞争性极强，还会对当地的生态环境造成极大的侵害，破坏当地的生态平衡。而乡土植物就不存在这些问题，成活率高，栽植方便。

（二）乡土植物具有很好的经济效益

现代园林景观设计规划应用外地物种无论在植物的种植阶段还是在后期的养护阶段都需要投入大量的人力、财力、物力来保证外地物种的栽培效果。而现代园林景观设计规划对当地的乡土植物的习性非常了解，并且当地乡土植物种类选择面广，苗木齐备，采购价格相对较低，运输便利，可以在短时间内快速地对现代园林景观实现绿化效果，种植和后期的养护都无须投入太多，成本较低，对现代园林景观的整体经济效益有很大的提升。

（三）乡土植物具有很强的地方特色

乡土植物在当地已经生长了很长的时间，和当地的很多经济元素、文化元素融合在一起，很多自然特色特征都烙印在了当地这些乡土植物上，形成了独特的植物文化。在现代园林景观中应用乡土植物，提升现代园林景观的地域特征和当地的文化特色，除了美化点缀现代园林景观之外，还能提升现代园林景观的品味。对于外地游客来说，可以向他们展示所在城市的特色，无论对现代园林景观，还是对所在城市都有着推广的作用。

（四）乡土植物可以丰富现代园林生态环境

如今城市现代园林景观建设已经由传统的单一模式向多功能化方向发展，避免人们对现代园林产生审美疲劳。乡土植物与其他景观合理搭配在现代园林景观中应用，增加多种植物种类，姿态多变，色泽多样，不同的现代园林空间层次可以搭配不同的样式风格，可以使现代园林生态环境更加丰富，更加接近自然，更加富有自然情趣，使城市居民感受到不同生态环境的乐趣，打造更加符合现代生活生态理念的居住环境。

四、乡土植物在现代园林设计规划中的应用策略

乡土植物具有适应性强，成活率高，便于种植，种植和养护成本低，可以展示地方生态特征等多方面优势，对城市现代园林景观的绿化有重要作用，在城市现代园林景观的设计规划中要广泛应用。

（一）全面认识到乡土植物的价值

政府职能管理部门首先要全面认识到乡土植物在现代园林景观中的应用价值，倡导人们对乡土植物的重视。同时要从管理角度入手，引导现代园林景观的设计规划管理人员从生态特色的角度出发，打造城市现代园林景观的乡土植物文化特色。引导相关管理人员认识到乡土植物的应用特点及其应用优势，在现代园林景观的设计之初就要加以重视乡土植物应用。深入研究乡土植物的种类、习性、栽植技术等，建立乡土植物种植培育基地，为乡土植物在城市现代园林景观中应用提供组织保障。

（二）做好乡土植物的技术研究

要做好现代园林景观中乡土植物的应用，就要做好乡土植物的技术研究。如今，不仅是一个经济和科学技术快速发展的时代，也是一个自然病虫灾害频发的时代，要借助不断发展的新技术，加强对乡土植物的生活习性、抗病虫灾害能力、植物搭配适宜性等探索，不断获取乡土植物的各种信息，在现代园林景观的设计规划中不断引进乡土植物的种类，科学合理搭配，不断推动乡土植物在现代园林景观中的应用，使现代园林景观品质更高、更加美观。

（三）创新乡土植物的应用方式

由于受传统的现代园林景观设计理念以及近些年城市化建设进程的发展，人们对乡土植物的应用相对来说程度不高，乡土植物的应用种类相对较少，并且应用方式相对单一。现代园林景观要广泛应用乡土植物，就要打破传统的应用方式，结合新的设计理念设计思路，创新乡土植物的应用方式，选择多品种进行合理搭配，在不同的现代园林景观中选择不同的乡土植物和分配比例，在不同的现代园林景观中创新不同的应用模式，合理搭配空间层次，提高使用频率，拓展乡土植物的应用范围和应用方式，达到乡土植物的广泛应用。

（四）提高现代园林工作人员的技术水平

在加强现代园林景观设计规划中乡土植物的应用方面，仅依靠设计是不够的，还需要将乡土植物的设计应用付诸到实践，这就需要现代园林的工作人员来实现。提高现代园林工作人员的技术水平对乡土植物在现代园林景观建设中的应用具有重要作用。培养现代园林工作人员不断从实践中学习，了解掌握乡土植物的生长习性，对现代园林景观中的绿色植物进行合理搭配，展现乡土植物的最佳效果。同时，提高现代园林工作人员的技术水平可以帮助其认识到乡土植物的应用价值，更好地促进乡土植物在城市现代园林景观中应用并发挥作用。

随着城市化的建设不断加快，现代园林景观建设中乡土植物的应用越来越广泛，并且发挥着越来越重要的作用。乡土植物生态适应性强，种植和后期养护成本低，还能展示当地植物生态特色，具有很高的应用价值，对提升现代园林景观整体经济效益有重要意义。因此，在今后的现代园林景观设计规划中，要广泛应用乡土植物，既提升现代园林景观的美观性，又塑造展示地方植物生态特色，为城市现代园林景观生态建设做出积极有益的贡献。

第五节　现代园林设计的植物配置与规划

本节指出了随着城市化进程的不断推进，现代风景园林工程开始在诸多地区展开建设，在快速的生活了节奏下为人们提供了与大自然接触的机会，人们在欣赏美景的同时实现精神的放松，也陶冶了情操。然而部分现代园林工程在设计上缺乏合理性，尤其是在植物的配置上没有进行合理规划，这样导致现代园林景观的美化效果不足，同时也浪费了大量的人力和物力。基于此，提出了现代风景园林设计中植物配置的应用原则，并分析如何进行现代风景园林设计的植物配置与规划，希望可以提升现代风景园林品质，为人们带去更多美的享受。

当前，现代风景园林已经成为城市发展重要的组成部分，不仅可以为人们带来视觉的享受，还可以展示该地区的生机与活力。高质量的现代园林工程需要进行科学的设计，对植物配置和植物造景高度关注。为确保现代风景园林设计合理、系统、美观，不仅要对植物合理配置，还要合理搭配水、假山等元素，从而使现代园林更有活力。然而目前的现代园林工程在设计上存在一些问题，比如植物配置缺乏科学性，在观赏效果上没有层次感、颜色搭配不合理，还有设计人员对植物生态特性不了解，所以分析如何对植被合理配置很有必要，本节以甘肃张掖地区为例，对植物配置进行分析。

一、现代风景园林设计中植物配置原则

（一）生态适应原则

张掖市为大陆性气候，气候特点是干燥，所以在植被的选择上需要考虑到要适应生态环境。在现代风景园林设计中，植物的配置需要在所在的自然环境下健康生长，设计人员要对各种草本植物生长习性了解上，然后结合现代园林的土壤情况、光照情况、水分情况合理选择植被。同时，对于植被的选择要和周围环境协调，除了各色的花卉和乔木、灌木，还要融入人文环境，通常在现代风景园林中都会建造花坛，在现代园林核心建立公园景观，周边还有道路景观、河畔景观等这样就形成了一个完整的生态系统。此外，对于植被的选择还要考虑到观赏价值和栽培地点，夏季尽量呈现出花红柳绿的景色。在种植地点的选择上，要对草本、藤本、乔木、灌木、亚乔木、地被等植物的关系科学处理。设计人员要以美学的角度出发，通过合理的构思，使得不同的植被统一、协调。人们来到现代园林后，在不同的观赏位置上可以感受层次变化，在有序和谐的现代园林景观中漫步。

（二）四季皆美原则

张掖市的四季鲜明，而现代风景园林也在不同的季节中展示出不同的景观，这就需要

设计人员在植被的种类选择上高度重视。具体来说：在现代风景园林中的植物不仅要有姿态美和色彩美，还要兼顾意境的美感，很多设计人员都会利用艺术化手段挖掘出植物的美学特点，进而达到现代城市对现代园林造景的需要。设计人员在配置植物上要考虑植物的质感、颜色、外形，同时也要考虑到在不同季节的变化效果，比如夏季人们主要欣赏枝繁叶茂和花红柳绿，秋季一片金黄的美景同样美不胜收，春、夏、秋、冬这四季的变化需要植物展示出不同的景观。比如观赏价值较高的植物垂柳、新疆杨、馒头树、银杏、青海云杉等适合种植在旁道两侧，让人们在夏季漫步树荫下，突出美化效果，在池塘中大量种植芦苇、香蒲，让池塘更加具有生命力，在秋季人们主要感落叶灌木的美感，比如牡丹、绒线菊、金露梅、银露梅等。设计人员要对于植物的季相变化高度重视，便于人们根据季节的变化欣赏植物姿态、叶色变化。此外，在植物的搭配上，也要基于观赏花期、形态和不同特点相互协调，进而延长植物的观赏周期，让游客领略不同季节的美感和色彩感。

（三）彰显主题原则

现代风景园林不仅分布着大量的花卉和其它植被，部分现代风景园林还有着自身的主题，比如在现代园林中建设了一些亭台楼阁，使之充分古韵；大量陈设儿童设施，使现代园林更加具有生机与活力。同时，在现代风景园林设计中，植被的配搭也起到重要作用，浓郁的景观特色呈现可以密集的种植高低不同、大小各异的某一类特定的植物。比如单独种植紫丁香和金叶女贞。再如，部分现代园林以肃穆庄严的氛围为主，现代园林内部建筑、道路都对称，给人以规则的感觉。设计人员也可以在特定区域种植彩叶植物，比如芍药、菊花，也可以大面积种植彩叶植物，进而凸显出该现代风景园林大气、简约的风格。为了协调人文景观，保持设计的均衡性，可以在厅堂、楼阁、大门、桥头等两侧单独种植以下植物：a 紫叶碧桃；b 银杏；c 红枫；d 朴树；e 鸡爪槭，这些植物都有高度和冠型一致的特点。

三、现代风景园林设计的植物配置与规划方法

（一）整体配置方法

该方法是把建筑、水景、石头等放在整个现代风景园林的规划当中，同时与植物进行搭配组合，进而使布局更加系统。具体说来：其一，要苗木在各种空间的配置，乔木和灌木相较于花草，绿化面积较大，所以很多的现代风景园林都以苗木配置为中心，这就需要设计人员对苗木大小把握准确，在水泥路面两侧栽种要整齐划一。对苗木品种的选择要根据建设场地情况而定，可以选择一种或者多种苗木，进而为人们提供最佳观赏效果。其二，鲜花的空间搭配要呈现出生动灵活的感觉，设计人员要借助鲜花强烈的色彩，在夏季营造出现代园林的勃勃生机，八宝景天、萱草、荷包牡丹等这些花色、形状各异的植物，或者搭配啤酒花、金银花等藤本植被，往往会起到更好的装饰效果。其三，对于绿草的空间搭配，主要是避免现代风景园林在视觉上过于繁杂、缺少生机，鲜花和绿草的合理搭配会呈现出更好的美化效果。

（二）层次搭配方法

错落有致的现代园林景色往往会更加迷人。由于张掖地区四季较为分明，不同季节可以发现植被的美感也不同，夏季的景色目不暇接，而笔直或者弯曲的枝干也展示出不同的美感。层次搭配的手段十分丰富，可以从植物的大小、色彩对比上入手，也可以从植物与水景、植物与建筑的对比着眼，这会让游客得到意想不到收获。比如，设计人员将不同形态、不同颜色的花木随机组合，使花木在视觉上产生强烈的对比，进而突出现代风景园林的层次感。此外，还可以对不同品种、不同高度的苗木排列，比如把 10 m 的银杏树、5 m 的红枫树和 1 m 的常青树按高到低排列，同样美不胜收。

（三）美学艺术方法

在现代风景园林的设计中，出发点和最终的落脚点都是让游客得到美学享受，所以设计人员会采用美学艺术方法设计。为此，设计人员需要考虑到以下问题：其一，做到对美学价值的分析，设计人员需要认真分析不同植物配置，尤其是关注颜色的搭配，这样会让游客欣赏时更有协调感，可以去挖掘现代风景园林的观赏价值。对于设计人员来说红花与绿叶的搭配以及树木搭配就是设计的关键。不仅要实现视觉上的冲击，还要关注静态和动态的平衡，在道路的两旁为了提升层次感可以种植红枫或者石楠；如果在较为空旷的景点，建议选择松树或者是柳树。其二，设计人员对美学艺术的运用还要考虑到植物的动态性，所以设计人员都会思考如何在四季的变化中根据植物生长习性合理布局与搭配，这样游客在不同时节都有看点，现代风景园林植物颜色的渐变中也会展示出和谐的元素。此外，设计人员还可以做到“四季常青”，比如种植一些常绿植物进行搭配。

（四）小品融入方法

1. 对花架的利用

在现代风景园林中，花架可以与藤本植物进行合理的搭配，成为优美的造景素材。在亭子、走廊都可以设置花架，不仅便于植物攀缘，展现出自然的美感，还可以为游客提供乘凉、休息的处所，同时也起到划分空间的作用。在花架上可以配置很多的植物，由于生长方式的差异，需要考虑到花架大小、形态、土壤、光照等因素。

2. 对凳子、椅子的利用

游客在欣赏现代园林景观的同时，会在凳椅上休息，而凳椅本身也对景观起到了点缀作用。对凳椅的配置要夏天避免阳光照射，同时不要压到或者撞击树根、树木，建设凳椅为圆形或者多边形，进而实现与现代园林景观的融合。

3. 对园墙、漏窗的利用

园墙起到对空间的分隔作用，进而展示出有层次的景观，可以便于游客游览。园墙与植物的配置主要是让金银花、木香等植物垂挂、攀缘在墙面，进而遮挡生硬的墙面，更有生态的美感。同时，设计人员也可以在墙上种植花草，这样可以把植物的影子投射在墙面上，打造出别样的景观图。

现代风景园林的建设极大美化了人们的生活环境，但是部分现代园林的植被搭配和规划不合理，导致游客数量不多。设计人员需要关注植被搭配和造景，把握现代风景园林设计中植物配置的应用原则，选择生命力强、观赏价值高的植被，与现代园林中的其它景观合理搭配，进而让后期的施工顺利进行，打造出高质量的现代园林工程。

第六节　现代园林景观规划中的植物设计原则

如今人们对环境的开发愈演愈烈，这样就不可避免地导致人们居住的环境受到一定的破坏，人们也愈发重视对环境的保护，建设舒适的娱乐环境。在城市中，现代园林景观的规划十分重要，现代园林景观的设计不仅要充分考虑到娱乐环境的特点，而且最重要的是让参观者感到愉悦。也就是说，现代园林景观规划不仅是调节生态环境的手段，而且还应该具有美化环境的作用。基于此，分析在现代园林景观规划中应遵循植物设计原则。

现代园林景观规划是指专业人员运用自己的知识有意识地规划设计现代园林中的植物，使其呈现出美观、美化环境的作用。不同的季节有不同的植物，现代园林景观的设计风格也会跟着变化，植物能够体现现代园林景观的内容。在这一过程中，现代园林景观的规划需结合客观情况来设计，将植物与环境进行有机结合，融为一体，从而体现现代园林景观规划的生态性、美化性、舒适性。

一、以人为核心的原则

景观规划设计的第一因素便是满足人的需要。由于环境受到污染，人们需要利用绿化来改善环境，为人们提供舒适的娱乐环境。所以在景观设计时，最先应考虑到的是人们的需要，考虑到人们在居住时、娱乐时的要求，这样人们在散步或游览时会感到心情愉悦、身体放松，同时也能让居民的生活环境中的空气有所改善。在现代园林景观规划的过程中，设计的思路不能仅从设计者和实施者的角度来考虑，现代园林景观设计的最终受益者是居民和观赏者，因此现代园林景观设计不仅要考虑到现代园林景观的美化性还需要考虑到人们的爱好和环境带给人的舒适性。不论是居民住宅的现代园林景观规划还是公园的景观规划，都应该考虑到这点：既应结合人们的生活心理以及生存需要，熟悉每个地方人们大致的生活规律，掌握人们的行为方式，将理性与感性相结合，从而保证人们居住或者游览时的舒适性，同时还能满足人们的审美需要，让人的身心都能得到健康的发展。

二、结合地方特色的原则

不同的地区有着不同的气候、土壤、阳光照射时长，造就了不同城市的风光地貌、文化风格，这也就体现在了植物特征上。在植物景观规划时，需遵循当地的特色文化，结合本地的艺术风格进行设计，结合当地的生态特征、民俗文化等来规划植物景观。当然也不能生搬硬套，一切设计都来源于艺术的碰撞、融合，每样东西都有自己独具的特色，不能千篇一律，而要独具特色。比如，毕节地区有着美丽的杜鹃花；贵州地处云贵高原，多山，那么现代园林景观的设计便是根据当地的植物特征来设计；乌蒙山国家地质公园地处六盘水市，以喀斯特地貌为主，还有各种地貌遗迹，本地独特的气候形成了独具特色的现代园林景观特色，具有良好的观赏性和美化性；广东一带根据其环境特点便会选用绿萝、柏树、凤尾竹等亚热带植物树种。这样景观规划便独具特色。

三、以植物造景为主的原则

为响应保护生态环境的号召和可持续发展，在现代园林景观规划中，需以植物造景为主。在现代园林景观规划中，植物是最主要的设计要材，选择植物造景时，可选择当地特色的树种进行种植与配置，这样不仅能够合理降低现代园林景观规划的成本，而且还能提高植物的存活率，减少病害虫的侵害。植物的配置能够更好地促进植物的生长和后期的管理，将不同种类、不同株茎的植物进行合理的配置能够提高产生良好的反应，即异性相吸的道理，不同树种的配合能让植物更好地生长。另外，在植物种植时，也应考虑到地势的特征，利用好地势，这样不仅可以节约工程实施所花费的时间、劳力，也可以体现自然景观的风格。比如云南的红河梯田，便是利用当地的地势进行设计，形成独一无二的自然风光大现代园林景观。

四、遵循因地制宜的原则

在现代园林景观规划设计中，应结合当地的气候，水分，湿度等情况，从而在保护生态的方面对植物进行合理的搭配再栽种。在引入外地的植物栽培，首先要考虑这种植物是否能适应这个新的环境，它们所需的水分和养料是否较多。就上面所提到的可采取新配种和当地植物进行混合栽种，这样可提高引用的植物的存活率。环境的温度、水分、阳光决定了现代园林景观植物的选择，合适的选择才能体现美的真理。在不同的现代园林中，植物景观会有所不同，但无论哪种风格的现代园林景观，都需要体现绿色这个特征。绿色给人的感觉便是生机与活力，绿色带给人们一种生活的希望，所以在现代园林景观规划中必须具备。科学且合理，选择与环境相适应的植物，满足现实需要，发挥现代园林景观设计规划的最大作用。

五、遵循生态艺术性原则

植物具有调节环境的作用，它能够除尘、净化空气、调节温湿度、还能释放一定的氧气以及吸收二氧化碳，这些都是城市现代园林景观设计的重要因素。所以在现代园林景观设计时，要充分体现植物对环境的改善作用，将生态学、景观设计场地的特征、住宅风格和规划地的特征结合起来，设计出符合当地环境的现代园林景观。现代园林景观除了生态的作用，还有发挥美的艺术原则，现代园林景观设计还给人一种视觉的享受，呈现出一种令人欣赏的别具美。但这不是栽种植物就可以实现的，它还需根据植物的外貌、色彩等进行仔细的规划构图，从而达到审美视觉的一致，色彩的协调，展示其现代园林景观独具的魅力，这就是生活中现代园林都会有固定的人员对植物进行修剪的原因。

六、遵循可持续发展的原则

现代园林景观规划不仅要重视前期对植物的规划，还应重视后期对植物的护理管理。现代园林景观需要长期存在于人们视野中，带给人们的不是灿烂却短暂的烟火，而是默默守护人们的绿色，它的陪伴是永远的，所以要注重对现代园林景观后期的护理，实现可持续发展。后期可由一支专业的团队对植物进行护理，需具备一定的专业素质，注重护理的效率质量，定期对植物进行检查和修复，保证现代园林景观的美观和生态作用的体现。对现代园林景观的护理不仅只是护理人员的职责，在现代园林中参观的游客都应肩负起保护现代园林景观的责任，并且在现代园林中贴有一定的保护宣言，做到保护现代园林景观，人人有责。

现代园林景观规划是个复杂的过程，许多事看起来简单，但实际的实施却很繁杂。但相信通过大家的努力，现代园林景观会成功的建造完成。现代园林景观可以局部调节城市气候，改善城市的空气，带给人们更好更舒适的生活环境。现代园林景观也不仅仅是改善生态的作用，它也带给人们美的享受，成为人们休息散步的重要场所。在现代园林景观规划设计中，设计者都需将这些原则运用到实际操作中，这样才能更好地发挥现代园林景观的作用。

第七节　现代园林规划设计中的植物景观布局

现代园林设计是一门艺术。景观规划设计的定义是指在整个规划设计过程中，通过对周围环境整体考虑和设计，用不同的艺术手段，使设计与周边环境相适应。同时景观规划设计包括很多的领域，将这些领域结合起来，构成出良好的生态环境。

现代社会发展的目的是保护生态环境，促进人与自然的和谐发展，创造良好的工作和生活环境。植物是绿化的主体，我们要用生态学的观点营造植物景观，提高环境质量和艺术水平。

一、植物景观在现代园林装饰中的重要作用

植物景观布局既是一门科学，又是一门艺术。完美的植物景观设计，既要考虑其生态

习性，又要熟悉它的观赏性能；既要了解植物自身的质地、美感、色泽及绿化效果，又要要注意植物种类间的组合群体美与四周环境协调；以及具体的地理环境条件。只有这样才能充分发挥植物绿化美化特性，为城市景观增色添辉。

在景观规划中，植物景观的布局也需要有美感和艺术感，人们需要舒适、良好的生活及休息的自然环境用植物景观营造一个优质的生态环境，这是景观规划和设计的核心植物景观的布局直接影响生态景观的整体质量和艺术建筑水平在设计中，我们必须考虑植物的生长习性，明确植物本身的色彩属性，充分了解植物本身的观赏效果，注重建造整体生存的和谐性生态系统的植物群落；同时，要考虑将植物景观与当地地理环境和建筑环境相融合，使城市更加和谐，生活环境更加舒适。

二、现代园林植物景观规划设计的要求

根据绿地的类型、地理位置、周围环境等合理选择植物，形成不同功能的现代园林绿地，满足人们的需要。现代园林绿地不同的植物景观布局，植物配置形式，能构成多样化的现代园林观赏空间，造成不同的景观效果。一般来说，植物树形有圆形、圆柱形、垂枝形、尖塔形、卵形等，在布局群体景观时，应注意形态间的对比与调和以及轮廓线、天际线的变化，才能构成美的图画。在植物景观设计上，应充分考虑生物的多样性，多品种组合、多层次种植，营造良好的生态环境，以利植物的持续性生长，景观的永续利用。在植物选择上，以乔、灌木为主，多主组合搭配，增加绿化复层种植结构，使植物不同类型间优缺点互补，达到相对稳定的现代园林覆盖层，创造丰富植物人工群落，最大限度地增加绿量。如将同开花的 2 ~ 3 或 4 ~ 5 种花木，依树形组合配置，在一个季节或一段时日中显示它的绚丽色彩；再如以常绿树与红叶树配置，形成对比景观，以乔木散置与花草地形成的疏林草地，均能稳定持久地产生生态观赏效应，成为生态与艺术结合的景观。现代城市建筑密集，人口集中，热岛效应突出，加上建筑物间距小，容积率大，地面多硬化处理，对植物生长的光照和水分都带来变化。在植物布局时，不仅应注意其自然生态，更要考虑城市的特殊生态，才能保证植物生长健壮，达到预期的景观效果。

（一）植物景观的配置

在设计中，要充分考虑植物的配置，根据植物的不同功能将其合理分配布局如植物景观具有吸收二氧化碳、释放氧气、吸收粉尘、减弱噪音、杀菌等功能还有一些特定的植物具有捕食昆虫的功能，如捕蝇草、猪笼草。这种植物在景观规划中，常被用在花园周围的湖泊附近。

（二）植物景观布局需要具有时序性

植物会根据不同的季节显示出不同的季节性特征，如迎春、连翘会在早春开出明亮的黄色花朵；月季、紫薇、木槿等会在夏季开出娇艳的鲜花；红枫的叶子在秋天会变成火红色，为荒凉的花园铸造强烈的视觉色差；冬季的松柏会在严寒中为花园添一抹绿色，植物在春

天繁花似锦，夏天绿树成荫，秋天硕果累累，冬天银装素裹，一年四季，时异景迁，这种起伏的植物生活规律为花园创造了不同的季节性景观。

（三）植物景观布局需要与周围环境结合

因为城市的规划和设计需要无缝接合，不能使其出现意想不到的状态，所以作为花园的主体，植物景观的布局要与周围的建筑需要相互融合。在现代园林植物景观布局中，花园中的主干道与城市道路部分的景观连接，主要是树木，可以配置少量的花和灌木，形成景观节点，如银杏，相思树等植物对于较长的道路，可以使用多种植物配置，但需突出主要功能。

（四）具有意境创作表象

在植物景观布局中，除了必要的功能作用外，还需要实现其独特性植物景观除了给人们一个舒适的环境、轻松和快乐的感觉，还可以使具有不同审美体验的人产生不同的审美情绪艺术观念是中国文学绘画艺术的审美特征，亦可用于现代园林景观的规划设计中，例如，在植物景观布局中，松木和柏树以其蓬勃的生命力、高高直直的长势以及四季常青的形象，常被作为正义，不朽的象征，因此，松和柏在布局上一般多用于寺庙和烈士陵墓中。

三、现代园林规划设计中的植物景观布局

植物景观设计中，通过植物各种类型间的合理搭配，创造出整体的美感效果。植物景观布局时，既要考虑统一性，又要考虑一定的变化和节奏与韵律。使人们观赏风景时，随着视觉的移动，达到步移景异，增加趣味性。在布局上，要有硫密之分；在体量上要有大小之别；竖向上要有高低之差；在层次上既要有上下考虑，又要有左右的配合。广场及重要景点，主景植物应选取特征突出，观赏效果好，时效期长的种类。

（一）游人集中区域植物布局

游客注重区域应该大规模的使用幼苗，严禁使用危害游客安全的有毒植物，不能选择有硬尖的枝条或叶形尖锐以避免人们对他们的气味或液体引起过敏反应，考虑到现场需要容纳大量的人，听以分枝下的净空间距应大于 2.2m 应选择高大的树木一桂花、槐花、架树、乌柏等在夏天，其阴凉区不超过活动区域的一半。

（二）儿童游戏场听植物布局

儿童游乐场的植物布局需要选择高遮荫物种，其阴影面积也不能超过活动面积的一半在活动范围内，应选择萌芽力强的花灌木，以及直立生长的中、高型树木，分枝下的净空间应大于 1.8m 在露天活动或表演场地，应选用不会阻挡观众视线的苗木，而观众草坪应选择抗践的高羊茅或红狐狸。

（三）停车场植物布局

公园里的停车场通常是开放的，所以在这个区域的植物配置，树木的间距需要满足出

入口、停车位、通道以及转弯半径等要求树荫下的净空间距需符合大中型车辆的要求，因此，它们之间的距离应大于 4m，停车场应大于 2.5m，自行车停车场应大于 2.2m，种植池的宽度应大于 1.5m，并且在植物景观周围应设置防护设施。

（四）公园道路两侧植物布局

花园内的道路分为主干道和辅助道路。主干道需满足交通车辆的通行，听以分枝高度不应小于 4m，例如在某些公园旁边的主干道会设置方便残疾人使用的辅助道路，在旁边的植物配置中不应设置硬叶的集群植物，同时，在布局中应考虑到活动的空间，设计的种植点距离路沿应大于 0.5m。

（五）公园出入口植物布局

在公园各出入口的绿化过程中，需要注意与丰富的街景和建筑相互协调，通常采用对称布局在入口两侧用树木和绿色灌木，使夏天可以与周围环境隔离 . 在门的内侧采用花坛，灌木或雕像，配置指南地图并布置在网格状草坪内出入口两侧的开花灌木不会阻碍视线，也有利于交通和游客的分布。

综上所述，景观规划和设计中植物景观的布局需要与花园的功能和空间相结合，这样才能为人们创造一个舒适的生活环境。

第八节　城市现代园林规划中的植物群落设计

随着经济的不断发展，城市化进程加快，城市建筑设计也相应的得到了改变。城市建筑不再是单一的楼房建设，人们生活水平提高的同时对城市建筑的追求也越来越高。城市的绿化面积越来越大，城市现代园林规划中的植物群设计落也逐渐被提上了日程。我国城市现代化建设的加快，城市现代园林规划也越来越重要，其中，城市现代园林规划中的植物群落的设计作为城市现代园林建设重要的一环，对城市生态环境有着很大的影响。不仅有利于城市整体美观和人们生活环境的提升，还对促进城市现代化建设有着必不可少的作用。但是，就目前来看，我国城市现代园林规划中的植物群落设计还存在着一些不足，对此，本节对城市现代园林规划中的植物群落设计进行简要的探讨，并提出一些解决措施，希望对城市规划提供参考。

人们对生活质量的追求越来越高，因此城市的现代化建设在符合城市现状和未来发展前景的同时，还要时刻坚持”以人为本”的理念，保障人们生活环境的优美。城市现代园林规划中在城市建设中占据举足轻重的位置，城市绿化面积不断增强，城市现代园林规划中的植物群落的设计也逐渐被人们重视。植物群落的种类、种植方式和形状设计在美化城市的同时，也改善城市的空气质量，减少污染气体，为人们的生命健康提供了进一步的保障。

城市现代园林规划中的植物群落设计，是现代化城市建设中的关键问题，植物群落设计的好，覆盖面积多并且形状美观直接影响一个城市的市容，同时也是城市经济发展水平的体现。植物所需要的生长环境不同，导致植物群落的设计选址要与城市整体相适应，还要结合植物自身的发展特性，来进行城市现代园林规划中的植物群落设计。并且满足人们的审美要求和大众的喜好。但是，目前来看，我国城市现代园林规划中的植物群落的设计还存在着一些不足，例如，植物群落的设计体制机制还不是很完善、设计人员的专业知识水平较差、自身素质较低、国家的投入力度不足等问题，因此，城市现代园林规划中的植物群落设计必须提上日程。

一、城市现代园林植物群落的概念

城市现代园林植物群落最早的概念是从群落形成的角度出发，即城市现代园林植物群落，是人们根据植物喜阳或喜阴、喜酸或喜碱、喜湿或喜干的不同生态习性，结合人们的审美需求，搭配而成的。这个概念明确了城市现代园林植物群落在形成过程中的人工机制和多种目标相互协调的特点。

但是随着社会的不断发展，对城市现代园林植物群落概念的内涵需求和外延需求不断增多，需要对它的概念进行更深刻的讨论。目前，在应用城市现代园林植物群落的概念时，其合理性、准确性和科学性都依赖于从业人员的职业素质，无法做到将植物群落生态学理论和现代园林学二者的专业知识结合起来。可以将城市现代园林植物群落定义为：在一定的城市现代园林绿地范围内，拥有特定的植物群落生态学涵义，能够满足不同视角的植物生态学要求的多种植物的总和。在这个定义中，强调了在城市现代园林植物群落应用的过程之中，可以部分的满足或具备植物群落的自然特征，但是必须充分的考虑到城市现代园林植物群落的概念在实际应用过程中的意义和作用，着重强调了生态学意义和生态学视角的重要性。

二、城市现代园林植物群落设计分析

对城市现代园林植物群落进行分析，是进行科学的生态学研究的重要前提。在城市现代园林植物群落的生态学研究之中，可以根据群落的发育情况、地域的地带性规律、植物的外在特征和土壤、地貌、地形等环境形成的自然边界，让具备专业知识的研究人员对城市现代园林植物群落进行客观科学的分析。但是城市现代园林植物群落，在人工的影响下，在受到强烈干扰的城市环境之中，会出现破碎化和片段化的状况，因此要对它们进行边界研究、外貌特征研究、边界研究等十分困难。在这样的情况下，在自然植物群落中使用的生态学的研究手段，不能完全适用于城市现代园林植物群落中。可以在城市现代园林植物群落进行鉴定的过程之中，首先将具有明显边界的斑块作为调查对象，再使用统计的方法，对面积规模进行分级，将城市现代园林植物群落鉴定过程中的风险降到最低。在对城市现代园林植物群落的鉴定进行探索的过程之中，可以从人工植物群落的评价着手，讨论城市现代园林植物群落与自然植物群落的差异性。

在对城市现代园林植物群落进行设计时，要注意提高绿地的使用质量，合理设计人工植物群落。强调从功能对等的角度对植物进行选择，将植物生态群落划分为七种不同的类型即：保健型、知识型、生产型、抗逆型、防护型和文化型等。在确定出植物生态群落的类型之后，进行具体系统的设计配置。在城市的绿地规划过程中，要将基本的单位确立为植物群落，在建设大量绿地的同时，注意对植物群落的结构进行研究。在对城市现代园林植物群落进行设计时，要针对特定功能的目标要求、特定景观的美学需求和特定的植物群落特征等三个方面，对城市现代园林植物群落进行配置和选择，以得到最优化的城市现代园林设计效果。第一，制定合理的技术定位。在进行城市现代园林植物群落设计时，要准确定位其在城市现代园林规划设计整体的绿化技术体系中的作用。在配置植物的过程之中将植物的结构功能放在首位。使艺术性和科学性在植物景观中得到充分的融合，满足生态和环境在适应生态上得一致性，通过严谨的构图体现出群落整体和植物个体的艺术性，让人们在观赏的过程中体会到其意境美。第二，将具体的植物群落单位及时落实。在具体的设计过程之中，将植物群落作为基本单位，有利于对小面积的绿地进行建设并构建具有艺术美的植物景观。第三，设计细化植物群落。配置现代园林中的植物主要包括两方面的内容。首先考虑植物之间的相互配置。其次，现代园林植物和现代园林中其它要素，例如：水体、建筑、山石等，要进行合理的配置。在设计的过程中要着重考虑植物的种类。首先按照植物观赏性的特征将其进行分类，然后从颜色、立体、平面和植被的疏密程度等方面进行植物的配置，最终形成独特的艺术风格和艺术构图。在设计城市现代园林植物群落时，要考虑环境效应和环境背景。

随着我国经济建设的不断发展和城市现代化建设的不断加快，城市现代园林规划也渐渐地被大家重视，城市现代园林规划中的植物群落也成为城市现代化建设的重要方面。随着城市现代园林建设的不断发展完善，植物群落的设计规划也越来越合理，渐渐满足现代化城市的需要和人们对生活环境的需求。在城市发展中，大量工业的发展和先进科技的使用给人们的生活环境造成巨大的破坏，植物群落的设计规划恰恰缓解了这一矛盾，并且逐渐受到人们的关注。因此，城市现代园林规划中的植物群落必须受到广大现代园林工作者的重视，提高自身的设计能力和专业水平，为城市现代园林规划中的植物群落的设计和发展贡献自身的力量，要将生态理念和可持续发展理念引入城市现代园林规划中的植物群落的建设，只有这样才能保证城市现代园林规划的完整，促进现代化进程。

第三章　现代园林建筑规划设计的布局

第一节　现代园林建筑规划设计的构图规律

构图，从广义上讲是指形象或符号对空间占有的状况。因此包括一切立体和平面的造型，但立体的造型由于视角的可变，使其空间占有状况如果用固定的方法阐述，就显得不够全面，所以通常在解释构图各个方面的问题时，总以平面为主；狭义上讲，构图是艺术家为了表现一定的思想、意境、情感，在一定的空间范围内，运用审美的原则安排和处理形象、符号的位置关系，使其组成有说服力的艺术整体。

中国画称之为“经营位置”“章法”“布局”等等，都是指构图。其中“布局”这个提法比较妥当。因为“构图”略含平面的意思，而“布局”的“局”则是泛指一定范围内的一个整体，“布”就是对这个整体的安排、布置。因此，构图必须要从整个局面出发，最终也是要求达到整个局面符合表达意图的协调统一。如果把构图一词的含意表达得十分清楚，其意思通俗点讲是各种设计要素（如现代园林五要素），在设计中的位置的安排就是构图。

“构图”不是独立存在的东西，它作为一种艺术手段是为表达设计内容和主题服务的。因此，构图在中国画中被称作“章法”。这就是说，经营位置是要讲究一些方法的，既然构图有法，自然也就有规律、形式可循。

一、构图的基本规律

（一）多样统一规律

多样统一，即有机的统一，或称之为统一中求变化，在变化中求统一。任何现代园林设计作品都是由不同的局部所组成，这些部分之间，既有区别，又有内在联系，只有将这些部分按一定规律，有机地组合成为一个整体，既有变化，又有秩序，这就是多样统一。反之，一件现代园林设计作品，缺乏多样性和变化，就会单调、乏味，使人感到呆板；同样，缺乏和谐和秩序，作品就产生杂乱无章的效果。其他规律，大抵都是从属于这个规律。如徐州市小南湖景区泛月桥、云汇桥上仿古建筑的苏式彩绘每组箍头、藻头的长度相同，图案相同，但绘有徐州市各处景点的枋心图案不同，每个图案都不重复，这样图案没有一个相同，又能体现徐州市的景点、历史典故多而不乱。再如徐州市云汇桥、泛月桥、显红岛的拱桥的桥孔、金山塔的飞檐等。

（二）均衡规律

多样的变化怎么统一，就是统一在均衡之中，使千变万化的各种构图均衡，以便达到“自然”。绘画中的均衡涉及位置的均衡、线条均衡、色块均衡、色彩均衡。本书探讨的均衡主要是位置均衡，在现代园林构图中位置均衡可分为静态均衡或拟对称的均衡。对称的均衡为静态均衡，一般在主轴两边景物以相等的距离、体量、形态组成均衡即静态均衡。拟对称均衡，是主轴两边的景物处于动态的均衡之中，是一种感觉上的均衡，因为任何人都不可能准确判断画面上的物象实际重量，是一种纯属心理意义上的均衡。一块顽石可以平衡一个树丛，体形上的差异虽然很大，但从质感上却使人觉得平衡，这当中并不神秘，因为人们经验上都熟悉石头很重，对石头有一种重量感。一丛树木枝叶扶苏给人以轻快感，本来二者是不平衡的，但是经过现代园林艺术家的权衡运筹之后，石头不多置，树木成丛种植，结果感觉上的分量均衡了。如改造后的徐州市黄楼景区内的牌坊、镇河铁牛、黄楼、新建弧形花架、新建船舫达到了拟对称均衡的效果。其均衡原理恰似中国传统古秤，秤锤和物体之间不对称均衡的原理一样。

（三）疏与密规律

在构图中，疏密变化是非常重要的。构图中往往要的东西很多，特别像苗木的种植设计方面，如果疏密处理不好，就会有一团乱麻的感觉。因此，必须进一步掌握东西中间，再进行疏密的处理。这样就要求疏与密要有层次变化，使疏密有节奏。这里说的疏，不是距离相等的疏，密也不是等距离的密，因为距离相等就失去了变化，不能产生节奏感。所谓“疏可走马，密不透风”的提法就是讲究疏密对比的艺术手法。也就是说在疏密的布局上走点极端，以强化观众的某种感受，创造自己的风格。现代园林中，在种植设计上的密林，疏林，草地就是疏密对比手法的具体应用，如徐州市奎山公园的植物种植就是疏密对比、疏密变化手法的应用。

这里谈到的疏与密，从某种意义上讲也包含有现代园林中虚与实的特点。例如形象组织的疏一些就显得虚，而形象组织得密一些就显得实。虚与实是相辅相成又相互对立的两个方面，虚实之间互相穿插而达到虚中有实，实中有虚，使现代园林的景观变化万千，玲珑生动。如徐州市小南湖景区的石瓮倚月，石瓮本身设计就“虚中有实，实中有虚”，从湖面上看，湖水中的石瓮又产生一幅画面倒影，真可谓“虚中有实，实中有虚，虚中又有实”。现代园林中的虚实，还体现在山与水方面，山为实，水为虚，所谓虚实对比，就是通过山与水的关系处理实现的。通常所说的山环水抱，就意味着虚实两种要素的萦绕与结合。再如以透、漏、瘦作为评价山石优劣的标准，虽然乍看起来是只强调了虚的方面，但实际上却是虚实关系的处理。

二、构图的基本变化

不同的构图布局产生不同的感觉。构图的布局可以利用形、线、色彩和空间在安排上的变化，把人们的视线引向画面的某一个地方，已达到突出这个地方的物象的目的。

（一）横向式构图

这和我们躺在床上休息一样，很自然地使人联想起广袤的天地，开阔、平静。有静穆、安闲、安宁、开阔之感。许多风景画、包括海景，往往采用平直的水平线构图，并且有意保留这条视平线不受前景物象的影响，以体现景致的宽广。如站在徐州市小南湖的春晓平台观看市区的画面就有种安闲平静的感觉，不失为横向式构图的一例。

（二）斜线式构图

有延伸、冲动的视觉效果，也称对角线构图。由于斜线容易使人感到重心不稳，所以动感强，倾斜角度越大，运动感越强。斜线构图的画面要比垂直线构图的画面有动势，而且能形成深度空间，使画面具有活力。如徐州市和平路与黄河迎宾路交叉口绿地内的张力膜“腾飞”的造型；风吹动平静的海面就产生斜线的波浪；直立的人运动起来移动了重心，也产生了动的斜线。无规则的长斜线会使画面活跃，产生力量感。而长斜线的运用又容易因缺少变化而无趣味。因此，要注意设法丰富它。这就告诉我们要使自己的构图摆脱平淡，就要在画面中有大的明确线条。为了使长线不单调，可以采用“破”的手法改变机械的长斜线。

（三）金字塔式构图

由于它像一座山，很自然给人以稳固与持久的感觉，这种三角形构图永不会产生倾倒之感。如徐州市淮海战役纪念碑及周围回廊设施运用了金字塔式的构图。达到了崇高、坚实、稳定和向上的视觉效果，使人肃然起敬。

（四）V 形构图

如同旋转的陀螺，有微微晃动不定的感觉，是一种活泼有动感的形式。有一种向上向外扩张、爆炸或是强烈的不稳定的感觉。但从相反方向理解，有时又有集中的意味。如两山、两房、两树之间经常出现“V”字形的缺口，这个缺口有时会给人以美的享受，有时它又像打开的窗口，透过这个窗口又会引起人们的联想，给人以神秘之感[1]。

（五）S 形构图

这种构图具有流动感，会给人一种快意。由于这条曲线在画面中会很突出，所以能使整个画面活跃起来。还有一种曲线构图，也是运用一条或几条曲线，在画面上制造空间，把曲线两边的东西隔断开，就好像在繁忙中得到了喘息，在杂乱中找到了安静，犹如在干渴时遇到清泉一样。这种曲线往往给人以宽裕舒畅的感觉。如在现代园林设计中经常采用

1　王洋，原圆．现代园林建筑规划设计在现代园林中的作用 [J]. 科技经济市场，2015（1）.

的曲径，曲折有致的溪流。风景区上山道的设计，也经常使用这种类型的构图，迂回上升，将观众视线顺 S 形引向上方，以构成景物纵深盘旋的情趣。

（六）L 形构图

这种构图妙在利用 L 划分出空间，在这个空间中只要设计者加进一点小东西加一描绘，马上就会使画面产生无限的情趣。可是，如果缺少了这小小的点景之物，构图马上就会显得极为枯燥。如徐州市袁桥绿地的构图在这方面的运用就比较巧妙。

（七）圆形构图

它像团聚在一起的美满幸福的家庭，有完美、柔和，具有内向，亲切感；也能让人联想到车轮，有旋转滚动的感觉；作为球体，有饱满充实的感觉。如燕子楼绿地中心广场设计，较好地利用了圆形构图。有时圆形也可以留一个缺口，称为“破月圆”构图。此种构图常被艺术家们用来突出自己要表达的东西。如徐州市燕子楼绿地的弧形花架和缺口处的花坛设计就采用了“破月圆”的构图，使花坛、花架之间有了很好的交流，也着重突出了花坛景点。

布局的变化形式非常多，现选择上列几种做了些简单介绍。我们在现代园林设计中要领会和灵活地运用这些方法，以求不断变化构图，千万不可把它奉为金科玉律，把自己套在框框内。

由于本人知识和能力有限，仅对构图学基本规律和部分变化形式在现代园林创作中的应用提到了自己的一点感触，不知对否，有待大家批评指正。

第二节　现代园林建筑规划设计的方法和技巧

优秀的现代园林建筑规划设计必须在两个方面具有显著的优势，即空间结构方面和对现代园林建筑的认同感方面。这两个方面在现代园林建筑规划设计过程中是要贯彻始终的，只要在这两个方面做出成功之处，那么这个现代园林建筑规划设计方面无疑是成功的，而且是具有内涵的，那么人们便认为这个方案是优秀的。简单解释一下这两个方面：首先，在空间结构的设计方面，应该确保现代园林建筑能够在现代园林空间中进行准确合理的定位，通俗地讲，就是使人们获得以下的主观感受：“放在这里非常合适”；其次，在对现代园林建筑的认同方面，现代园林景观建筑设计必须让人们获得强烈的认同感，即人们的生活经验和现代园林建筑之间存在着不同程度的共鸣，两者通过某种的特殊的经验唤起方式密切联系在一起，场所的设计让人们有一种莫名的亲切感或者似曾相识的感觉。不得不承认，在以上两个方面想要取得成就是很不容易的，现代园林建筑的设计者一定要有敏锐的观察例，能够认真、客观地分析人们的心理需求、能够合理总结当地的地域特色、能够熟练应用不同地域的文化内涵的表达技巧，并且能够准确地传达出设计者的构想和意愿。

一、现代园林建筑的功能

①点景功能：点景要与自然风景融会结合，现代园林建筑常成为现代园林景观的构图中心的主体，或易于近观的局部小景或成为主景，控制全园布局，现代园林建筑在现代园林景观构图中常有画龙点睛的作用。②赏景功能：赏景作为观赏园内外景物的场所，一栋建筑常成为画面的重点，而一组建筑物与游廊相连成为动观全景的观赏线。因此，建筑朝向、门窗位置大小要考虑赏景的要求。③引导功能：现代园林建筑常常具有起承转合的作用，当人们的视线触及某处优美的现代园林建筑时，游览路线就会自然而然的延伸，建筑常成为视线引导的主要目标。人们常说的步移景异就是这个意思。④空间分割功能：现代园林设计空间组合和布局是重要内容，现代园林常以一系列的空间变化巧妙安排给人以艺术享受，以建筑构成的各种形式的庭院及游廊、花墙、圆洞、门等恰是组织空间、划分空间的最好手段。

二、方法与技巧

（一）立意

现代园林景观建筑的立意包括设计意念和设计意向两个方面，意念是基于对设计对象初步研究而产生的概念性设计意图，它与特定的项目条件紧密相关。意向是意念的形象化结果，设计者通过建筑语言进行积极的想象和发挥形成形象性的意图。立意是对设计者知识结构、艺术涵养和思维方式的考验，只有观察敏锐、经验丰富、知识渊博、联想广阔，才能孕育出创新的构思，激发出设计灵感。

（二）选址

现代园林景观建筑选址与组景构思是分不开的。如何使现代园林景观建筑和周边各种环境发生对话关系，构成和谐统一的有机整体，是建筑师首先要解决的问题。因此，首先要注意结合环境条件，因地制宜综合考虑建筑、地形、水体及植物配置等问题，既要注意尽量突出各种自然景物的特色，又要收放自如，恰到好处。另外，还要充分考虑、详细了解土壤、水质、风向、方位等地理因素对建筑的影响。

（三）布局

1. 空间组合形式

①由独立的建筑物和环境结合，形成开放性空间。②由建筑组群自由组合的开放性空间。③由建筑物围合而成的庭院空间。④混合式的空间组合。⑤总体布局统一构图分区组合。

2. 对比渗透与层次

①对比：对比是达到多样统一取得生动协调效果的重要手段。具体到现代园林景观建筑中的对比是把两种有显著差别的因素通过互相衬托突出各自的特点，同时要强调主从和

重点的关系。对比是现代园林建筑布局中提高艺术效果的一项重要方法。在运用中要注意主从配置得当，防止滥用而破坏现代园林空间的完整性和统一性。②渗透与层次：主要有相邻空间的渗透与层次和室内室外的渗透与层次两种方式。采取的手法主要有对景、框景、利用空廊及建筑空间穿插、错落彼此渗透，增添空间层次。

对比的手法也是很多设计师在对现代园林景观建筑进行设置时会用到的设计技巧，这样不仅能够将现代园林的环境优美体现出来，还能够突出现代园林的总体观赏效果，总的来说能够强化现代园林景观建设在人们心目中的形象。因此，很多设计师都应该采取对比的手法对现代园林景观建筑进行设计。采取对比有很多种方式，大多是两种不同种类的事物相结合，经常采用的方式是动静结合和虚实相生的设计方式。比如，可以在现代园林中引入一条小河让现代园林景观建筑律动起来，人们听着小河的哗哗声、看着现代园林景观建筑的美丽景色肯定是非常兴奋的。所以很多设计师可以适当使用对比这一设计手法，让设计的现代园林景观建筑更富有生命力。

在完成现代园林景观建筑设计的时候，最需要设计师注意的就是现代园林景观建筑的层次，因为现代园林是属于空间和时间的产物，所以在设计时需要设计师对空间和时间进行合理的分配。在时间上来说，设计是需要合理安排好建筑现代园林景观的周期，现代园林建筑的每一部分都要在规定的时间内完成，这样才能达到现代园林最好的展示效果。同时，设计师也能够在完成建筑的过程中对搭建现代园林景观的周期进行适当的调整。在空间上来说，现代园林有横向和纵向之分，不同的层次往往能让现代园林展现出不同的特色，所以设计师需要利用好已有的空间基础，对现代园林的大概构造情况进行预判，想要处理好空间的层次感可以通过摆放盆栽和开设窗户来实现，盆栽种类的不同和窗户种类的不同能使空间结构产生变化。因此，设计师需要加强对现代园林景观建筑的层次感的塑造，让现代园林建筑拥有一定的特色，并且被更多的人牢记，这就增多了人们观赏现代园林景观时的乐趣，也加强了我国城市的文化建设。

3. 空间序列

现代园林景观建筑空间序列通常分为规则对称和自由不对称两种空间组合形式，前者多用于功能和艺术思想意境要求庄严的建筑和建筑组群的空间布局，后者多用于功能和思想意境要求轻松愉快的建筑群落空间布局。

以小见大是现代园林建设的常用的艺术手法，往往通过设计师对现代园林的空间进行调整，从而达到以小见大的效果。主要针对一些开发区域不够大的场地，通过以小见大的方式能够拓展已有的建筑区域，这是一种打破现代园林景观建筑已有格局的方式。如果设计的场地有限，设计师往往会设计好现代园林景观的主观面，就是俗称的门面。主要是为了让现代园林景观有很强的观赏性，同时建立好门面也能帮助将来现代园林景观建筑的推广，所以说设计师一定要设计好现代园林景观建筑门面。以小见大的艺术手法大多数用于现代园林的门面设计，主要会通过拓展现代园林建筑入口的面积来增强人们的视觉感受，让人们对现代园林景观建筑产生好感，这样人们才会很享受漫步在现代园林景观建筑中的过程。

4. 借景

借景在现代园林景观建筑规划设计中占有特殊重要的地位，借景的目的是把各种在形、声、色、香上能增添艺术情趣，丰富画面构图的外界因素，引入到本景空间中，使景色更具特色和富于变化。通过借形组景、借声组景、借色组景、借香组景等手段，利用借景对象自身特点，达到艺术意境和画面构图的需要。

借景是现代园林景观建筑设计方法及技巧中最需要人们掌握的，而且借景在设计方法中占据较高的地位，是现代园林景观建筑设计的基础方法。借景能有助于建筑与景色融合，使景色富有生命力和活力。同时借用景色的这种设计方法及技巧能最大程度拓展现代园林建设的面积，这样就不会导致现代园林景观出现浪费材料的状况。所以，很多时候设计师可以采用借景的方式让现代园林显得更加自然，同时也可以在现代园林景观盆栽的选择上下一点功夫，让现代园林能够拥有古色古香的气质或者淡雅朴素的气质。设计师在学习现代园林景观建筑师时掌握较多的设计方式，这样才能为我国的城市建设贡献出自己的力量，也能为我国很多城市设计出更具有特色的现代园林景观建设。

三、现代园林建筑规划设计理念的运用

（一）生态景观理念的运用

现代园林景观设计的实质就是对户外空间和土地的生态设计。然而从更深层次上说，景观设计是人类生态系统的设计。这意味着我们的设计需要尊重物种多样性，尊重自然以及顺应自然，最大程度上的减少对资源的剥夺和盲目的人工改造环境，减少现代园林景观的养护管理成本，需要根据区域的自然环境特点，来塑造现代园林景观的类型，要充分考虑场地中的其他生物的需求，维持动物栖息地和植物生长环境的现状，尽量地减少对原有环境的彻底破坏，必须保持水与营养的循环，利用的同时需要保护好自然资源，减少能源消耗等。

（二）注重项目策划设计实施全过程的参与

现代意义上的现代园林景观概念可以解释为区域环境景观的规划，然而在时空上的深度和广度以及内涵都已经有了很大的发展。伴随着学科之间的不断渗透和交叉，专业间的协调参与显得越来越重要。具有现代园林专业背景的设计师，通常会更加注重自然环境和谐的绿色软景观元素，把建筑融合在自然的氛围中。然而具有建筑专业背景的设计师，一般会不知不觉得突出建筑硬质景观的因素，仅仅只会把环境绿地作为建筑公共空间的外延。所以，在充满活力、创造自然和谐的景观空间中，就需要重视专业之间的合作与交流，需要在城市规划建设的项目策划、设计、实施的整个过程中加强与现代园林景观设计的合作。

（三）注重环境场所空间的塑造

环境场所空间的创造是体现文化内涵、显示设计思想的重要途径。因地制宜、尊重自然环境，寻找周边环境与场所的完美结合点。充分思考社会文化、自然环境等方面的因素、形成清晰明确的整体设计理念，是现代园林景观设计的主要原则。设计者需要创造认识、发现、利用原有场地以及周边的自然环境。充分的结合场地的特性，接受自然的介入，把自然环境融入景观体系之中，也就是常常说的最好的设计就像没有经过设计一样。

第三节　现代园林建筑规划设计的布局原则

我国有着悠久的现代园林艺术历史，至今已有三千多年，各朝各代的现代园林也各具风格，各有成绩。其中，传统的“妙极自然，宛自天开”自然山水现代园林理论，不仅对我国现代园林有着深厚的影响，同时也影响了世界现代园林。现代园林是由设计者将各景物按照既定的要求或单个、或组合连接组成的整体，并不是以独立的表现形式出现的。近年来，随着现代园林行业的飞速发展，不仅要求现代园林设计者提高对美的运用能力，也讲究现代园林的生态意义和现代园林的可持续发展。现代园林景观布局中除了将山、水、亭、廊、榭等各类现代园林建筑有机结合，搭配与之相适应的景观植物之外，也要考虑景观带来的生态效益，如能否减轻空气污染、改善环境等，创造出和谐完美的现代园林整体设计。遵循现代园林景观布局的基本原则，是现代园林布局的意义所在。

一、构图有法，法无定式原则

（一）主景与配景

现代园林景观布局首先要确定现代园林的性质以及设计者所要表达出的主题。例如，居民小区的功能主要是改善居民的生活环境，为居民提供更优质的服务，所以，在现代园林布局时采用自然、舒服的表现形式。在纪念公园等地，则要求主题鲜明、艺术形象突出，布局时采用主景升高，突出主题的表现形式。我国地域广阔，不同的自然及人文地理环境现代园林表现手法也不同。一般确定现代园林的主题后，开始确定主景、重点和配景等元素。在景观布局中，通常采用中轴对称、主景升高、环拱水平视觉四合空间交会点的表现手法。其次按照现代园林的性质及主景的设计进行配景设计，配景主要起到烘托主景的作用。

（二）对比与调和

对比是现代园林设计过程中重要的环节，设计者往往通过对比的手法来更好地表达设计主题。对比与调和的使用手法在现代园林景观布局中有多种，例如，现代园林空间对比、植物疏密度对比、景观虚实度对比、道路曲直度对比等。目的是在视觉上能够营造出新的空间，使整个景观效果更加和谐。

（三）尺度与比例

任何物体，不论是怎样的形状，都有长、高、宽三方面的度量。现代园林的尺度既要考虑现实的特点，能够提供人们休息、游玩的现实空间，也要考虑人们观赏的需要。所以在现代园林设计方面一般有实用尺度和夸张尺度两种方式。实用尺度主要满足人们出行、休息的需要，也是现实社会中的标准尺度，如栏杆、台阶踏步、儿童坐凳、月洞门等常用的实体；夸张尺寸一般用在现代园林造景方面，以营造出视觉上的一种错觉来呈现现代园林景观的美感，例如在假山上配置缩小凉亭等建筑，使假山显得高大等。

二、功能明确，组景有方原则

任何现代园林景观都要符合一定的适用范围，必须考虑它的功能分区是否合理，组织景区、景点是否有序。如在主题公园设计中除了考虑其特点之外，还要满足诸如停车、集散、休憩、观赏等基本要求。在现代园林景观总体布局中，首先要解决功能分区的问题，在明确了功能分区的基础上，合理安排现代园林景区、景点设计；其次要组织游玩路线，搭配主景，创造整体构图空间和情景意境。不同性质的现代园林景观也有不同的功能变化，比如各类公园一般由景观主题区、水景区、山林区和景物观赏区、休息区等组成，设计者可再根据相应区域进行现代园林景观布局，在景物观赏区建立单独观赏区域，如牡丹园、芍药园、玫瑰园等。

三、因地制宜，景以境出原则

现代园林景观中植物的配置一般根据当地的具体情况和植物特有属性因地制宜搭配，使其呈现不同的现代园林景观效果。例如广州可用芒果树、香蕉树作为街道行道树，既美化城市，又为特色水果做了宣传，而北方则选用雪松、水杉、银杏等适应当地气候、地质、土壤的树种。同时也要根据不同的地理条件以及使用者的需求，来营造景以境出的现代园林景观效果，通过改善劣势景观来达到形成新景观环境的目的。起伏的地形、缓坡草地等都是近年来景以境出的实际表现。例如公园内的一片废水沟，可通过设计适当增加水湾拥抱，种植鸢尾、荷花等水生植物，形成错落有致的水景效果，既可改善污染水体，也能实现水体的自我循环，更好地利用湿地系统。

四、掇山理水，理及精微原则

掇山理水是最常用的现代园林景观布局手法，也是我国传统的造园手法。我国人民自古崇拜自然，在长达 5 000 多年的历史进程中，早早累积了各种与自然山水相关的知识，形成我国特有的“山水文化”内涵，山水相依、山抱水转、水穿山谷、水绕山间都离不开山与水的紧密结合，山因水而活，水因山而转，脉络贯通，相扶相依。掇山须符合自然山水地貌规律，通过集零散为整体的工艺手法，使得景观具有整体感和稳定性。三远变化、移步换景、远观山质、近看石质，对自然山水去粗存精，去伪存真，使自然地貌的艺术景观再现。

五、建筑经营，实景为精原则

现代园林景观与建筑相辅相成，不可分割。不同性质的现代园林，建筑风格各有千秋。现代园林建筑在总体布局上要依形就势，秉承“虽由人作，宛自天开”的原则，因地制宜，充分利用自然地形、地势，地貌等天然条件，通过现代园林植物的搭配突出建筑的主题和意境，植物搭配一定程度软化了建筑的硬质线条，弥补了单一的建筑景色，协调建筑周围环境，用植物婀娜多姿的线条打破建筑单调、呆板的感觉，突出自然美与人工美融为一体的现代园林意境，达到巧夺天工的奇特效果。

六、道路系统，顺势通畅原则

随着近年来现代园林事业的快速发展，现代园林道路建设也在不断发生变化。现代园林道路设计前首先要考虑系统性，确定主园路系统。主路是全园的框架，确定好后再依次确定快速路、次干路和支路等。无论从实用角度还是美观方面，现代园林对道路的布局有一定的要求，既要形成循环系统，又要考虑排水系统、隧道、防护工程、特殊构造物、沿线的交通安全等各种因素。一般的园路建设，入园以后，道路通常避免直线延伸、一通到底的设计，而采用两侧分展，或者三路并进的设计手法。这种设计主要起“循游”和“回流”的作用，这种多环、套环的道路设计手法，可以起到园界有限而游览无数的情景效果。

七、植物造景，四时烂漫原则

植物造景是现代园林建设的现代手法，设计者通过运用乔灌木、藤本和草本来创造现代园林景观，利用植物本身的形体和柔软线条来达到装饰景观的效果，并通过对花草树木配置设计造就相应景观，借以表达自己的思想感情。现代园林植物按季节分为多种，例如春天的迎春、碧桃、榆叶梅、连翘、丁香、蔷薇、玫瑰等，夏天的紫薇、木槿等，秋天的红枫、银杏、海棠等，冬季的油松、桧柏、龙柏等。现代园林植物总的配置一般采用三季有花、四季有绿，所谓“春意早临花争艳，夏有浓荫好乘凉，秋色多变看叶果，冬季苍翠不萧条”的设计原则。

现代园林布局是现代园林景观总体规划的一个重要步骤，现代园林景观设计的内容丰富，范围广泛，这就要求景观设计者要根据现代园林内容和特点，根据具体的情况采取相应的表现形式和手法。在现代园林景观布局方面，不同性质的现代园林，在布局上也有它相对应的表现形式来反映它的特征，或雄伟崇高，或庄严肃穆，或自然活泼，设计者总要表达出一些自己的别出心裁、与众不同和独具匠心在里面。在现代园林布局中，植物是主体，现代园林建筑例如山、水、亭、廊、榭等作为载体，须按照一定的布局原则，将所有元素有机结合，否则会显得杂乱无章，情景全无。同时，现代园林景观布局是一个整体性工程，不能单独考虑一方面而忽视另一方面，景观布局不能仅仅考虑到美化环境而忽略了它的实用价值，脱离了实用功能。任何一个景观布局都要在建设之前考虑艺术、经济和实用性等方面的因素，同时要根据现代园林的性质，适当地进行文化传承和文化创新。

第四节　设计过程与方法

一、准备阶段

（一）现代园林建筑规划设计方向准备

现代园林除了是群众休闲娱乐的场所之外，其对内的使用功能也十分重要，现代园林中建筑的功能主要从娱乐与服务两个角度说起。

娱乐性是现代园林的特色所在。在现代园林中，群众可以暂时歇脚亦或游赏美景，因此建筑中要借助审美专家的眼光来创设情境，像湖中小船、建筑观光梯、现代园林小桥等都能够展现现代园林特征，满足群众赏玩的心情。

服务性功能的设计更加注重综合性。在现代园林建筑中，提供生活类的产品是提升群众满意度的重要环节，在众人赏玩劳累之＝时，要在适当位置设置购物平台、卫生间、轻便旅店等，方便群众购买必需品。针对现代园林内部的工作人员来说，建筑中要涵盖办公场所、会议室、管理间、仓库暗房等设施，满足管理人员对整个园区监督改造的需求。

（二）地形、植物、水体设计准备

1. 地形与现代园林建筑规划设计准备

（1）地形对建筑布局及体形设计的影响。在传统现代风景园林建筑规划设计中常推崇的结构形式为“宜藏不宜露、宜小不宜大”，提倡现代园林建筑结构与自然环境相互融合，即现代园林建筑布局、结构风格设计时，需要与场地原有地形相互协调一致，则为现代园林建筑适应场地原有地形。此外，现代园林楼亭建筑设计中，常使用廊连接各个楼亭，不破坏原有建筑风格。

而现代园林建筑结构设计时，首先需要考虑现代园林周边地形起伏，采用埋入式建筑结构可与周边地势、自然景观等协调一致。例如，在杭州西湖博物馆整个结构以埋入地下式为主，其顶部采用绿植种植在起伏地表面，形成一种建筑与湖滨绿化带自然融合，以不破坏自然环境为根本，内敛含蓄地隐藏在环境中。

（2）建筑设计以地形的视觉协调为依据。在现代园林建筑规划设计时，可以将建筑和周边地形放在一起设计，形成清晰的建筑轮廓线，提高现代园林建筑的艺术效果。因此需要加深对现代园林建筑风格、结构轮廓、周边地形三者之间的研究。在现代风景园林建筑规划设计时，需要充分考虑地形与建筑风格的关系，以形成完美的天际线，提高现代园林建筑的设计效果。

现代园林建筑规划设计时，若地形的起伏状况超出建筑结构的尺寸，则形成建筑结构以周边地形为背景，即建筑为图、自然环境为底；若地形起伏尺寸与建筑结构相一致时，需要使建筑结构适应自然地形，即现代园林建筑因地制宜。而对于沙漠风景建筑是模仿自然山体姿态，其建筑风格如高山耸立，从而与平坦的沙漠形成鲜明的对比，但是建筑材料与沙漠元素基本一致，又形成了建筑与自然的融合。

根据笔者多年现代园林建筑规划设计经验，地形可以与建筑有效几何形成空间风景，且可以利用地势遮挡建筑结构设计中的不足。因此，在建筑结构设计中，现代园林设计人员适当改造周边地形，指引人们的视线，确保人们欣赏到现代风景园林的完美风貌；同时，还可以利用地形地貌对建筑结构进行划分成不同的结构体，既实现不同结构体的功能需要，又减小了建筑体的外形体积，减轻对周边自然环境的压迫感。

2. 植物与现代园林建筑规划设计准备

由于植物的色彩、形态、大小、质地等不同，丰富了现代园林的风景，是现代风景园林设计中不可缺少的元素之一。

（1）植物配置影响建筑布局和空间结构。在现代风景园林设计中，需要最大程度保留原有植物的完整性，维持原有生态的平衡。可以采取紧凑建筑布局，减少占用过多的绿化面积。现代园林的建设设计需要采用多种风格，与场地周边的环境保持一致。

在现代园林建筑规划设计中需要尽可能地减少建筑面积来避免破坏自然环境。在建筑施工工艺选择时，可以修建架空平台来减少挖掘土方面积，从而尊重自然环境的生态平衡，实现现代园林建设结构与自然环境和谐共存的目标。

同时，在现代园林建筑附近适当的种植绿植可以有效地分割、构建建筑物的外轮廓，使建筑物的空间感更加明显。此外，种植灌木、乔木、草皮等可以形象地衬托出现代风景园林的硬质截面，增强建筑结构的色彩和质感，弥补建筑立面和地面铺装的协调不足，创建完善的现代风景园林环境。

（2）植物特征提高建筑的审美效用。植物是人、建筑、自然三者之间的桥梁，可以将建筑形体和视觉感受完美地统一起来。以美学视角观察植物与现代风景园林的关系，可以使建筑物具有层次感和生命力，并将现代园林建筑与自然风景融合为一体，也可联系建筑内外空间，从而实现协调整体环境视觉审美的宗旨。

同时，利用植物的植冠高低，可以营造一种高低起伏的绿色美景。例如，在地势起伏区域种植一片可供于观赏的灌木，并在其背后种植高大的常绿乔木，形成一幅美不胜收的绿海美景。

3. 水体与现代园林建筑规划设计准备

在现代园林设计要素中，以山石和水的关系最为密切，而传统的现代风景园林中不可缺少的元素则为水，传统中国山水园可成为“一池三山、山水相依”的山水园。

（1）建筑与水体互为图 - 底。在现代风景园林建筑规划设计时，低洼区域设计为水塘，并在其上设置楼亭，从而使楼亭建筑与水面融为一体，营造一种楼亭漂浮于水面的假象。人与水具有密切的关系，需要在现代风景园林中体现人与水的密切，可以在现代园林建筑群周边布置小溪，使建筑物充满生机活力，例如苏州的沧浪亭，在园外环绕一池绿水，与假山形成一幅山水画，从而体现了建筑的艺术风格。

（2）水体调节现代园林气候，改善小范围内的生态环境。众所周知，水体蒸发后可以增加周围空气的水分，改善周围环境的湿度和温度，在一定范围内调节环境和气候，维持小范围内的生态平衡。并且在水体中养殖鱼、观赏花，可增强现代园林的动态美，为现代风景园林建筑的整体效果增添生机和活力。

综上所述，在现代风景园林建筑规划设计中，需要注重对地形、植物、水体等元素的设计，它们可以弥补现代风景园林建筑的布局、空间、功能等设计不足。同时，需要充分利用自然环境创造的自然美，实现人、自然、建筑三者之间的和谐。

二、设计阶段

各种项目的设计都要经过由浅入深、由粗到细、不断完善的过程，现代风景园林设计也不例外。它是一种创造性工作，兼有艺术性和科学性，设计人员在进行各种类型的现代园林设计时，要从基地现状调查与分析人手，熟悉委托方的建设意图和基地的物质环境、社会文化环境、视觉环境等方面入手，然后对所有与设计有关的内容进行概括和分析，寻找构思主线，最后，拿出合理的方案，完成设计[2]。

设计过程一般包括接受设计任务书、基地现场调查和综合分析、方案设计、详细设计、施工图、项目实施六个阶段。每个阶段有不同的内容，需要解决不同的问题，对设计图纸也有不同的要求。

（一）任务书阶段

接受设计任务书阶段是设计方与委托方之间的初次正式接触，通过交流协商，双方对建设项目的目标统一认识，并对项目时间安排、具体要求及其他事项达成一致意见，一般以双方签订合同协议书的形式落实。

设计人员在该阶段应该利用与对方交流的机会，充分了解设计委托单位的具体要求、意愿、对设计所要求的造价和时间期限等内容，为后期工作做好准备。这些内容往往是整个设计的基本要求，从中可以确定哪些值得深入细致地调查和分析，哪些只要做一般的了解。在任务书阶段很少用图纸，常用以文字说明为主的文件。

（二）基地调查和分析阶段

掌握了任务书阶段的内容之后就应该着手进行基地现状现场调查，收集与基地有关的

2　贾红艳 . 现代园林建筑小品种类及其在现代园林中的用途 [J]. 山西林业，2009（5）.

材料，补充并完善所需要的内容，对整个基地及环境状况进行综合分析。

基地现状调查是设计人员到达基地现场全面了解现状，并同图纸进行对照，掌握一手资料的过程。调查的主要内容包括:①基地自然条件:地形、水体、土壤、植被和气象资料;②人工设施：建筑及构筑物、道路、各种管线；③外围环境：建筑功能、影响因素、有利条件；④视觉质量：基地现状景观、视域等。调查必须深入、细致。除此以外，还应注意在调查时收集基地所在地区的人文资料，掌握风土人情，为方案构思提供素材。基础资料主要指与基地有关的技术资料。⑤图纸：如基地所在地区的气象资料、自然环境资料、管线资料、相关规划资料、基地地形图、现状图等，这些资料可以到相关部门收集，缺少的可实地进行调查、勘测，尽可能掌握全面情况。

综合分析是建立在基地现状调查的基础上，对基地及其环境的各种因素做出综合性的分析评价，使基地的潜力得到充分发挥。基地综合分析首先分析基地的现状与未来建设的目标，找出有利与不利因素，寻找解决问题的途径。分析过程中的设想很有可能就是方案设计时的一种思路，作用之大可想而知。综合分析内容包括基地的环境条件与外部环境条件的关系、视觉控制等，一般用现状分析图来表达。

收集来的材料和分析的结果应尽量用图纸、表格或图解的方式表示，通常用基地资料图记录调查的内容，用基地分析图表示分析的结果。这些图常用徒手线条勾绘，图面应简洁、醒目、说明问题，图中常用各种标记符号，并配以简要的文字说明或解释。

（三）方案设计阶段

前期的工作是方案设计的基础和基本依据，有时也会成为方案设计构思的基本素材。

当基地规模较大及所安排的内容较多时，就应该在方案设计之前先做出整个现代园林的用地规划或布置，保证功能合理，尽量利用基地条件，使诸项内容各得其所，然后再分区、分块进行各局部景区或景点的方案设计。若范围较小、功能不复杂，实践中多不再单独做用地规划，而是可以直接进行方案设计。

1. 方案设计阶段的内容

方案设计阶段本身又根据方案发展的情况分为构思立意、布局和方案完善等几部分。构思立意是方案设计的创意阶段，构思的优劣往往决定整个设计的成败与否，优秀的设计方案需要新颖、独特、不落俗套的构思。将好的构思立意通过图纸的形式表达出来就是我们所讲的布局。布局讲究科学性和艺术性，通俗地讲就是既实用又美观。图面布局的结束同时也是一个设计方案的完成。客观地讲，方案设计首先要满足功能的需求不仅只有一个，满足功能可以由不同的途径解决问题，因此实践中对某一休闲绿地的方案设计，有时需做出 2 ~ 3 个方案进行比较，这就是方案的完善阶段。通过对比分析，并再次对基地的综合分析，最终挑出最为合理的一个方案进行深入完善，有时也可能是综合几个方案之所长，最后综合成一个较优秀的方案向委托方进行汇报。

该阶段的工作主要包括进行功能分区，结合基地条件、空间及视觉构图、确定各种使用区的平面位置(包括交通的布置和分级、广场和停车场的安排、建筑及人口的确定等内容)。方案设计阶段常用的图纸有总平面图、功能分析图和局部构想效果图等。

2. 方案设计的要求和评价

方案设计是设计师从一个混沌的设想开始，进行的一个艰苦的探索过程。由于方案设计要为设计进程的若干阶段提出指导性的文件并成为设计最终成果的评价基础，因此，方案设计就成为至关重要的环节。方案设计的优劣直接关系到设计的成败，它是衡量设计师能力高下的最重要标准之一。一开始如果在方案上失策，必将把整个设计过程引向歧途，难以在后来的工作中得以补救，甚至造成整个设计的返工或失败。反之，如果一开始就能把握方案设计的正确方向，不但可使设计满足各方面的要求，而且为以后几个设计阶段顺利展开工作提供了可靠的保障。

面对若干各有特点的比较方案如何选择其中之一作为方案发展的基础呢？这就需要对各方案进行评价工作。尽管评价始终是相对的，并取决于做出判断的人，做出判断的时刻，判断针对的目的以及被判断的对象，但是，就一般而言，任何一个有价值的方案设计都应满足下列要求：

（1）政策性指标包括国家的方针、政策、法令，各项设计规范等方面的要求。这对于方案能否被上级有关部门获准尤为重要。

（2）功能性指标。包括面积大小、平面布局、空间形态、流线组织等各使用要求是否得到满足。

（3）环境性指标。包括地形利用、环境结合、生态保护等条件。

（4）技术性指标。包括结构形式、各工种要求等。

（5）美学性指标。包括造型、尺度、色彩、质感等美学要求。

（6）经济性指标。包括造价、建设周期、土地利用、材料选用等条件。

上述六项是指一般情况下对比较方案进行评价所要考虑的指标大类。在具体条件下，针对不同评价要求，项目可以有所增减。

由于方案阶段是采取探索性的方法产生很粗略的框架，只求特点突出，而允许缺点存在，这样，在评价方案时就易于比较。比较的方法首先是根据评价指标体系进行检验，如果违反多项评价指标要求，或虽少数评价指标不满足条件，但修改困难，即使能修改也使方案面目全非失去原有特点，则这种方案可属淘汰之列。反之，可进入各方案之间的横向比较。

（四）详细设计阶段

方案设计完成后，应按协议要求及时向委托方汇报，听取委托方的意见和建议，然后根据反馈结果对方案进行修改和调整。方案定下来后就要对整个方案进行各方面的详细设计，完成局部设计详图，包括确定准确的形状、尺寸、色彩和材料，完成平面图、立面图、剖面图、园景的局部透视图以及表现整体设计的鸟瞰图等。

（五）施工图阶段

施工图阶段是将设计与施工连接起来的环节。根据所设计的方案，结合各工种的要求分别绘制出能具体、准确地指导施工的各种图纸。

施工图应能清楚、准确地表示出各项设计内容的尺寸、位置、形状、材料、种类、数量、色彩以及构造，完成施工平面图、地形设计图、种植平面图、现代园林建筑施工图、管线布置图等。

（六）施工实施阶段

工程在实施过程中，设计人员应向施工方进行技术交底，并及时解决施工中出现的一些与设计相关的问题。施工完成后，有条件时可以开展项目回访活动，听取各方面的意见，从中吸取经验教训。

三、完善阶段

（一）提高绿化设计水平，实现绿管流程科技化

按照“做一流规划，建一流绿化”的理念，聘请高资质、高水平的现代园林绿化设计单位编制绿化工程设计方案。对一些重大城市现代园林绿化设计方案，要通过报纸、电视等形式向社会公告。组织人员到国内现代园林绿化先进城市学习，邀请专家到宝鸡授课，开阔眼界，丰富城市现代园林绿化内容。完善绿地信息化管理系统（GIS）的使用，在协调规划局提供宝鸡市市域范围地形图的基础上，完成绿地信息化地图，动态管理宝鸡市绿地，优化绿化养护工作流程，在合理的利用人力、财力和物力资源投入下，提高绿化管理工作的效率，做好现代园林绿化养护管理的质量跟踪、督察指导，实现宏观管理、科学管理。

（二）优化道口绿化景观，实施绿地景观提升

对城乡主要道路沿线进行绿化环境整治，完成高速公路匝道及互通景观提升，高铁沿线两侧绿化以及城乡主干道沿线绿化环境综合整治，提升城市形象，优化景观效果，构筑生态廊道。对城区道路景观进行总体策划，通过绿化景观小品，将全市城市道路的景观格局与宝鸡的历史、经济、文化、军事等多方面的城市文化主要脉络相整合，建设一批以文为魂、文景同脉、厚史亮今、精品传世之作。

（三）突破城乡分隔，推进全市集镇绿化

突破城乡分隔、中心城区与周边片区相互独立的绿化格局，有计划、有步骤地推进城区绿化向农村延伸，中心城区向周边片区辐射，粗放型绿化向景观型绿化转变。加强乡镇公园绿地、道路绿化、河道绿化建设，推动缺乏大型综合性公共绿地的乡镇加快建设。同时结合各乡镇特点，延伸建设多条生态廊道，充分利用自然生态，构建科学合理的城乡生态格局，形成全市域分层次、全覆盖的绿地空间。按照率先基本实现现代化的城镇绿化覆盖率指标，指导全市各镇（街道）推进集镇绿化建设，利用一切空间、地段绿化造林，并

对原有绿化进行改造，提升品位档次，实现全市城镇绿化覆盖率提升为40%以上。

（四）开展损绿专项整治，切实保障绿化成果

规范城市绿化“绿线”管制制度和“绿色图章”制度。城市规划区内的新建、改建、扩建项目，必须办理《城市绿化规划许可证》，并按批复的内容和标准严格实施。严格绿线管控，采取切实有效的措施。市现代园林绿化行政主管部门要强化依法行政管理职能，对各类建设工程项目中的绿化配套，违法占绿、毁绿、毁林行为，以及临时占用城市绿地，修剪、砍伐、移植城市树木和古树名木迁移等严格审批和查处。

（五）注重绿化的整体规划，满足多样需求

城市现代园林绿化要以满足人性需求、满足生态需求、满足文化需求为原则，加强整体规划。首先按照宜居现代园林城市的建设标准，在居住区内建设与其面积、人口容量相符合的现代园林绿地，同时在城市每500m范围内建设可入型绿地。在此基础之上，大力推进城市慢性系统的建设，与内河的绿廊建设结合形成遍布全城的绿色网络。其次将自然作为规划设计的主体，生态环保是永恒的主题，要顺应自然规律进行适度调整，尽量减少对自然的人为干扰。最后要把城市文脉融入现代园林绿化，形成城市现代园林特色。应针对大到一个区域、小到场地周围的自然资源类型和人文历史类型，充分利用当地独特的造景元素，营造适合当地自然和人文景观特征的景观类型。

（六）注重乡土树种的培育，倡导节约型现代园林绿化

乡土树种是经过长期的自然进化后保存下来的最适应于当地自然生态环境的生物材料，是当地现代园林绿化的特色资源，同时对病虫害、台风等自然灾害的抗逆性极强，可以一定程度上减少管护成本。在城市现代园林绿化建设中应考虑多采用乡土树种，减少对棕榈科植物的运用，这样既保证足够的生物量和绿量，又达到适宜当地环境、减少病虫害危害及空气净化的目的，降低后期的管护运营资金投入。

（七）注重古树名木的保护，展现文化内涵

名木古树既是一个城市沧桑发展的见证，也是城市历史和文化的积淀，是城市绿化的灵魂。以有效保护古树名木为前提，因地制宜开发古树景观，开展古树观光旅游。在整体优化古树文化旅游环境的基础上，通过竖牌立碑等方式广泛宣传古树文化；给濒死、枯死古树名木旁添植同树种，以延文脉；以古树名木为对象录制光碟、出版画册、读物等，丰富了文化旅游产品，扩大了古树名木影响。古树名木作为宝鸡现代生态旅游的重要资源，将为宝鸡建设旅游名市锦上添花。

（八）注重科技创新，提升发展后劲

现代园林绿化不仅在硬件上要下功夫，还应加大科技创新，使宝鸡市现代园林事业发展转到依靠科学技术进步上来。要针对宝鸡市现代园林绿化技术水平还相对落后、栽培养护管理措施较为粗放、专业技术人员和技术工人相对缺乏等问题，进一步加强宝鸡市现代

园林绿化技术队伍建设和人才培养；加大科技投入，设立现代园林科研专项经费用于植物品种的优选培育、病虫害防治、现代园林设计、绿化养护以及生物多样性等科学研究；加强与国内外先进地区交流，积极引进和采用新技术、新工艺、新设备，为城市现代园林建设提供科技支持。

四、思维设计特征与创新

现代园林建筑规划设计思维方法的确立是一个继承与创新的过程。随着社会的发展，不同的经济发展阶段所呈现的建筑设计思维方法也是不同的。而建筑设计思维特征的创新除了需要把握思维主体的变化外，还需要考虑建筑设计思维客体的对立和统一。本节主要立足当前我国的建筑设计行业的发展现状，详细分析了随着社会的发展，未来我国建筑设计思维方法的创新和发展趋势。

当前，随着我国建筑业的蓬勃发展，国内建筑设计方面的研究明显跟不上建筑业的整体发展，尤其是建筑设计思维方法的研究，还存在许多不足之处。如何进行建筑设计思维方法的创新研究，寻找到其中的发展规律，把握时代发展特征，寻找到思维创新的突破点。探索传统建筑设计思维方法存在的不足，理清建筑设计思维方法的内在联系，对于建筑设计思维方法的创新与发展具有极其重要的作用。

（一）传统现代园林建筑规划设计思维

1. 现代园林建筑规划设计的基本方法

（1）平面功能设计法。平面设计是建筑设计的一项重要内容，它对于解决建筑功能问题发挥着重要作用，建筑平面设计能够很好地展示建筑设计的平面构想。虽然建筑是一个立体三维定量，单一的平面或是局部讨论是无法体现建筑设计概念的整体性的，但是，建筑平面设计对于建筑设计的使用还是必需的。一方面，平面设计的好坏直接关系到建筑物的使用功能，而平面设计的流线分析设计也能使建筑功能也较为合理。平面流线设计是一种很常见的建筑设计方法，主要是先通过平面设计来分析用地关系，了解建筑物的用途，从建筑功能出发，进行合理的平面功能的组合分析，并且还要在平面设计的基础上来考虑建筑的空间设计等。

（2）构图法。现代建筑设计的另一种基本方法是构图法。构图法主要是针对现代建筑的空间、体量等几何形体要素的设计方法。通过构图来分析建筑空间各几何要素之间的关系，进而能够分析出建筑的比例、结构、平衡等建筑规律。而建筑设计的构图法的使用，必须建立在设计师提前对建筑定位的基础之上，只有首先知晓建筑的准确定位，才能对其几何空间形态进行科学、合理的构图设计。

（3）建筑结构法。结构法是另一种十分重视建筑结构的设计方法，它主要通过建筑的结构形态来展现建筑设计理念。建筑设计的结构主义与建筑物的空间关系十分密切，可以通过建筑物的结构设计来表现建筑物的特征。而建筑的结构设计也能够适时地演变为建筑物的装饰环节。建筑结构的展现，是对建筑物空间结构内容的一种展现，它能够帮助人们加深对建筑内容多样性的判断。

（4）综合设计法。大部分现代建筑设计并不是针对单一建筑而言的，许多群体性建筑设计都十分复杂。因此，针对群体建筑，有必要对其进行拆分，采用适合单一的个体建筑的建筑设计方法，这种综合性的建筑设计方法的采用，不仅是对单一建筑特点的体现，而且也使各个单一建筑之间保持一种准确的相互依存的内在联系。综合设计方法多使用在大型的建筑群体，如城市综合建筑以及城市整体建设等。

2. 现代园林建筑规划设计思维

（1）社会文化习惯中的借鉴吸收。从传统文化和社会规范中吸取建筑设计思想。对过去传统的建筑设计进行较为系统的分析，从社会规范、自然法则、人文历史、文化传统以及人们的兴趣爱好、生活习惯中提取建筑设计的关键点。可以将其中一点或几点作为建筑设计的出发点和建筑风格的体现。最重要的就是要通过建筑设计的文化展现来改善人们的生活和行为习惯。

（2）其他艺术形式的借鉴。将特定的文化符号使用在建筑设计之中，使文化思想通过建筑体现出来。主要将文化符号使用在建筑物的内部或外部装饰上。此外，还可以通过特定的文化符号来演绎建筑的空间体量。我国的许多建筑对传统的中国建筑特色的吸收，例如“中国红”的建筑色彩、中国传统的大屋顶等。这种象征性的文化符号在建筑设计中的使用还是十分普遍的。

（3）个人思想和情感的投注。而优秀的建筑设计方案除了要有丰富的历史文化底蕴之外，还必须要依靠优秀的建筑设计人才。建筑设计必须要依靠设计者对建筑设计的热情和灵感来创作。设计师将个人的情感和思想投注到建筑设计的创作中，将自身的知识技能转化成无限的创造力，为老百姓创造更加舒适的生活环境。这种个人思想和情感的投射，在现代建筑设计中是不可缺少的。同样，设计师的个人魅力和特色也是通过这种差异化的个人思想展现出来的。凡是世界一流的建筑，都带有浓厚的个人特色。

（二）现代园林建筑规划设计创新思维的基本特征

1. 反思特征

建筑设计的创新思维必须从常规中寻求差异，就是不间断地重复思维惯性，对现实理论和建筑设计的实践进行分析，发现和反思，这样才能达到创新的目的。任何创造性活动都是从发现问题与解决问题上入手的，其必须对以往的实践结果进行反思，才能找到创新点。同时对自身的创作过程进行反思，每个成功的设计往往不是一次就成功的，而是经过多次反复，反思也就成为其中必不可少的过程，对创新是十分有意义的。

2. 发现性特征

基于经验的设计不能够实现创新，只有发现新的认识才能实现创新，因此在实际的创新思维过程中必须发现新的特征与功能等，才能实现创新。即对原有的认知进行超越。创新思维是人脑的高级反应，其不仅仅需要对表象进行分析，也用利用发现过程来拓展更多的可能性。简单反映现实的同时更应反应知识和事物隐含的可能性。从而实现对设计的创新，因此其思维必须跳出常规，发现基础知识点以外的关键问题。

3. 实用特征

创新思维不是独立于现实的，应从实际出发。任何创造性的成果最终都应投入到实际应用中，如果不能应用则创造是没有任何价值的。建筑设计的创新思维也应如此，如果建筑设计的最终结果不能应用到建筑实践中，设计活动则失去了价值。所以创新思维必须依存于实践，实现创新、实践、改进、再创新的过程，创新和实用之间必须保持连贯。

4. 相对特征

思维方式的结果都会形成不同的结构，但是其具有相对性，因为任何创新都是相对应原有的思维模式和方法，建筑设计创新思维也是相对某个设计和观念的创新，即离不开时代和人文的特征，离不开实践活动。必须认识到创新思维方式的出现，尤其是特有的时代价值，思维方式是相对的新颖。其不能对以往的方式和方法进行全盘否定，应依存于原有的经验进行创新。

（三）现代园林建筑规划设计思维方法的创新

1. 绿色建筑设计的新思维

基于新技术、新材料的建筑设计思维方法的创新。绿色建筑设计成为现在建筑设计行业的一大热门趋势。它崇尚乐色设计、生态设计。将生态环境保护放在了建筑设计的重要位置。绿色建筑的定义多样，主要表现在：一 . 在尊重生态环境保护的基础上，因地制宜、因势利导，多选用本土化的绿色材料；二 . 绿色建筑设计十分注重节能减排，在提高土地资源的使用效率的基础上，实现绿色用地、节约土地资源的保护资源的目的；三 . 绿色建筑充分利用自然环境，打破过去建筑内外部相互封闭的界限，采用绿色、环保的开放式的建筑布局。

2. 突出环保新理念

绿色建筑设计的发展是对建筑物整个过程的控制，它十分重视建筑物在使用期限内的环境保护。而绿色建筑设计的环境保护概念的体现是要合理利用绿色能源和可再生资源，最大可能地减少资源消耗以及污染性和有毒性。利用清洁生产的绿色资源，在使用周期内，循环利用资源，有效提升资源的利用效率，一定程度上也起到了节约资源、缓解资源短缺的现状。作用使用绿色资源，保护生态环境，实现人与自然的和谐相处。这是建筑设计思维方法的新拓展。

3. 建筑现场的整体性设计

建筑设计必须要建立在实际的建设地址上，实现建筑设计与自然环境相符合的重要条件就是要保证建筑现场的整体设计。一切建筑设计只有能与实际的自然环境相符合，才能算得上是完整的建筑设计方案。建筑设计一定要立足现实的自然地理环境，根据当地的地理条件、气候状况、社会环境等因素，进行具体的分析与考证，才能使建筑设计方案具有可行性，使绿色建筑思维得以真正的贯彻落实。建筑现场的设计应该注重这几个方面的内容：一.建筑现场设计要尽可能保护好现场生物的完整性，不要过多地损害建筑现场原有的生态环境；二.要尽量满足对绿地建设面积的需要，保持现场水土，有效降低环境污染和噪音的产生；三.要尽可能减小建筑现场的热岛效应。

4. 建筑布局设计

合理的建筑布局设计是体现建筑设计思维创新发展的另一个关键点。建筑业是最耗能的产业，全世界的能源消耗有 1/3 是在建筑业。合理降低建筑业的能源消耗，进行建筑平面设计，首先就要做好降低能耗的建筑设计。改善建筑门窗的保温性能和加强窗户的气密性是节能的关键举措，选取高效门窗、幕墙系统等，提升建筑的节能效率；此外，建筑的外墙设计要能满足室外的自然采光、通风等硬性要求，尽可能保证建筑设计的绿色和环保，有效减小建筑对点起设备的依赖性；建筑布局设计还要保证室内环境的温度以及热稳定等。建筑布局既要科学、合理，又要绿色、环保。

（四）当代建筑设计中的创新思维方法应用

1. 层次结构方法

建筑设计中创新思维的方法有一种是层次法，即对层次结构进行归类并进行设计，如双层结构、深层结构、表层结构等。其中双层结构应用较为广泛，双层结构可以相互作用，且相关构建。设计创新的思维方法就是在这个模式上拓展的。深层结构所体现的优势是稳定性、持久性等，同时作为基础所产生的表层结构，通过不断的改进和深化，形成众多的表层机构形式。因为表层结构的多样化和动态化特征，所以其可以反作用到深层结构上，因此在利用建筑设计创新思维方法进行设计时，应深入地对深层结构创新进行分析，对其内在的规律进行剖析，从而获得创新的基础。将设计中采用的逻辑和非逻辑性结合起来，在实际的工作中可以对多种建筑设计创新思维进行有效的控制，并使之与实践经验结合，让表层结构的拓展空间更大[3]。

2. 深层结构创新思维

建筑设计创新思维中，深层结构必须重视辩证的统一，即逻辑性和非逻辑性的结合，逻辑性思维体现的是传统的定式，也是设计中必须遵守的原则；非逻辑的思维则是要创新和改变，但是其不能脱离逻辑性而独立存在，可以说非逻辑思维的目标是获得满足逻辑思维的目标。建筑中逻辑是满足科学和合理性，而非逻辑则是要创新和突破，是创新设计的源泉，体现思维的突发性，其前提是材料的不充分性、思维突发性、结果的必然性，这些特征说明非逻辑思维不受到传统理念和模式的影响，是抽象、概括、跳跃的思维模式，对逻辑性的再造，形成新的建筑设计中的逻辑性，并使之可以获得固化后得到应用。这就是深层次创新。

3　马旭峰.浅论现代园林建筑小品在现代园林中的作用[J].中国新技术新产品，2011（3）.

3. 表层结构创新思维

表层结构是一种外化的形式，是深层结构创新的必然，表层结构应从深层结构而转化出来，在一定的规律和方式下，深层结构可以有效地帮助表层结构形成多元化表象。所以深层结构的作用是基础，是表层结构创新的根本动力和影响动力。设计中应利用发散、收敛、求同、存异、逆向、多维等来完成创新，并使得深层结构获得更好的体现。要实现现代建筑的创新思维方法的应用，就必须从深层结构入手，对表层结构进行灵活刻画，使之流畅的表达，从而使得创新思维获得固化，形成最终的设计成果。还应注意的是表层结构创新，收敛思维，从不同的角度对形成的创新点进行集中分析，选择和甄选，从而选择最佳形式，适应建筑准则，使得各种结论符合逻辑并满足常规科学性。

建筑设计创新思维是一种对客观进行发现和创造的思维模式，其主要的目标就是对现有的建筑结构和法则进行创新，从而获得更加丰富的建筑形式和功能。其设计的关键在于对层次结构的选择和创新，既要尊重逻辑性，也要利用逻辑创造非逻辑的创新，使得表层和深层结构完美结合，这样才能保证创新思维是正确的。

第五节 设计场地解读组织

一、现代园林建筑规划设计中的场地分析

针对现代园林设计的前期阶段—场地分析的重要性，就场地分析中对设计要求的分析、场地的内外环境的分析、参与场地其中的不同类别的人的心理分析三个方面进行了探讨，阐明了分析阶段在现代园林设计过程中的重要作用，从而通过分析提高现代园林设计的质量、城市生态环境及人民生活环境的质量。

现代园林设计前期的场地分析是设计的基础。对场地的全面理解与把握、场地各条件要素分析得是否深入，决定了现代园林设计方案的优劣。文章通过对设计要求的分析、场地的内部及外部环境的分析及从人的使用角度三个方面，阐述现代园林设计中该如何全面、系统地把握场地分析。

（一）现代园林建筑规划设计要求的分析

通常以设计任务书的形式出现，更多的是表现出建设项目业主的意愿和态度。这一阶段需要明确该场地设计的主要内容，该项目的建设性质及投资规模，了解设计的基本要求，分析其使用功能，确定场地的服务对象。这就要求设计者多与项目业主进行多方面多层次的沟通，深刻分析并领会其对场地的要求与认知，避免走弯路。

（二）现代园林建筑规划设计场地环境的分析

场地的环境分为内部环境和外部环境两个层面。

1. 外部环境

外部环境虽然不属于场地内部，但对它的分析决不能忽视，因为场地是不能脱离它所处的周边环境而独立存在的。对外部环境主要考虑它对场地的影响。第一，外部环境中哪些是可以被场地利用的。中国古典现代园林中的借景即是将场地外的优美景致借入，丰富了场地的景观；第二，哪些是可以通过改造而加以利用的。尽可能将水、植物等有价值的自然生态要素组织到场地中；第三，必须回避的。如废弃物等消极因素。可以通过彻底铲除或采用遮挡的手法加以屏蔽，优化内部景观效果。总之，可以用中国古典现代园林的一句话“嘉则收之，俗则屏之”来表达。

2. 内部环境

场地内部环境的分析是整个过程的核心。

（1）自然环境条件调查。包括地形、地貌、气候、土壤、水体状况等，为现代园林设计提供客观依据。通过调查，把握、认识地段环境的质量水平及其对现代园林设计的制约因素。

（2）道路和交通。确定道路级别以及各级道路的坡度、断面。交通分析包括地铁、轻轨、火车、汽车、自行车、人行等交通方式，还包括停车场、主次入口等分析。通过合理组织车流与人流，构成良好的道路和交通组织方式。

（3）景观功能。包括景区文化主题的分析。应充分挖掘场地中以实体形式存在的历史文化资源，如文物古迹、壁画、雕刻等，及以虚体形式伴随场地所在区域的历史故事、神话传说、民俗风情等。对景区功能进行定位，安排观赏休闲、娱乐活动、科普教育等功能区。

（4）植被。植物景观的营建通常考虑选何种植物，包括体量、数量，如何配置并形成特定的植物景观。这涉及以植物个体为元素和植物配置后的群体为元素来选择与布局。首先应该从整体上考虑什么地方该配置何种植物景观类型，即植物群体配置后的外在表象，如密林、半封闭林、开敞林带、线状林带、孤植大树、灌木丛林、绿篱、地被、花镜、草坪等。植物景观布局可以从功能上考虑，如遮荫、隔离噪音等；也可以从景观美化设计上考虑，比如利用植物整体布局安排景观线和景观点，或某个视角需要软化，某些地方需要增加色彩或层次的变化等。整体植物景观类型确定后，再对植物的个体进行选择与布局。涉及植物个体的分析有：植物品种的选择，植物体量、数量的确定，及植物个体定位等。植物品种的选择受场地气候和主要环境因子制约。根据场地的气候条件、主要环境限制因子和植物类型确定粗选的植物品种，根据景观功能和美学要求，进一步筛选植物品种。确定各植物类型的主要品种和用于增加变化性的次要品种。植物数量确定是一个与栽植间距高度相关的问题。一般说来，植物种植间距由植株成熟大小确定；最后，根据各景观类型的构成和各构成植物本身的特性将他们布置到适宜的位置。在植物景观的分析中还要注意植物功能空间的连接与转化、半私密空间和私密空间的围合和屏蔽，以及合理的空间形式塑造及植物景观与整个场地景观元素的协调与统一。

（5）景观节点及游线。这里需要确定有几条主要游览路线，主要景点该如何分布并供人欣赏，主要节点与次要节点如何联系。

现代园林设计就是通过对场地及场地上物体和空间的安排，来协调和完善景观的各种功能，每一个场地有不同于其他场地的特征，同时对场地的各个方面的分析通常是交织在一起的，相互关联又相互制约。因此，在设计中既要逐一分析，又要全盘考虑，使之在交通、空间和视觉等方面都有很好的衔接，使人、景观、城市和谐共处。

场地分析应用于现代园林规划设计的前期阶段，是对设计场地现状情况、自然及人文环境进行全方位的评价和总结。通过全面深入的分析，系统地认识场地条件及特点，为设计工作提供具体翔实的参考和指导。此外对于设计方案文本，必要的场地分析说明对理解方案和设计意图具有重要的意义。

（三）现代园林建筑规划设计场地分析的内容及作用

场地分析是在限定了场地预期使用范围及目标的前提下进行的。场地分析过程包括了从收集场地相关信息并综合评估这些信息，最终通过场地分析得出潜在问题并找到解决这些问题的方法。

1. 现代园林建筑规划设计前期资料的搜集

根据项目特点收集与设计场地有关的自然、人文及场地范围内对于设计有指导作用的相关图纸、数据等资料。收集资料主要包括 5 个方面：自然条件、气象条件、人工设施情况、范围及周边环境、视觉质量。

2. 现代园林建筑规划设计场地分析的主要工作

（1）对场地的区位进行分析。区位分析是对场地与其周边区域关系以及场地自身定位进行的定性分析。通过区位分析列出详尽的各种交通形式的走向，可以得到若干制约之后设计工作的限定性要素，例如场地出入口、停车场、主要人流及其方向、避让要素（道路的噪音等）。此外，通过场地功能、性质及其与周边场地关系可确定项目的定位，并根据场地现状及项目要求结合多方面分析综合得出场地内部空间的组织关系。

（2）对场地的地形地貌进行分析。在设计中因地制宜并充分利用已有地形地貌，将项目功能合理的布置于场地中。地形地貌分析包括场地坡度分析和坡向分析，通过坡度和坡向分析找出适宜的建设用地，在保证使用功能完整和最佳景观效果原则的基础上尽量充分利用场地现状地形，减少对场地的人为破坏及控制工程造价。在坡向分析中应兼顾植物耐荫、喜阳等因素，在建筑布置中更要考虑建筑室内光照、朝向等因素。

（3）对场地的生态物种进行分析。分析统计场地中原有植物品种及其数量与规格。植物是有生命的活体，不但可以改善一方气候环境也是现代园林中展现岁月历史最有力的一面镜子。因此，通过对场地原有植物的分析，指导植物造景在尽量保留原场地中可利用植被的前提下展开，在控制工程造价的同时延续场地原有植物环境。

（4）对场地气候及地质及水文进行分析。通过对前期收集的土壤、日照、温度、风、降雨、小气候等要素的分析，可得到与对于植物配置、景观特色以及现代园林景观布局等息息相关的指导标准。如自然条件对植物生长的影响，日照、风及小气候对人群活动空间布局的影响等。此外还需注意场地地上物、地下管线等设计的制约因素，对这些不利因素需要标明并在设计阶段进行避让。

（5）对场地视线及景观关系进行分析。通过对场地现状的分析，确定场地内的各区域视线关系及视线焦点，为其后设计提供景观布置参考依据。例如景观轴线、道路交汇处等区域在现代园林设计中需要重点处理。应充分利用场地现状景观延续区域历史文脉，即设计地段内已有、已建景观或可供作为景观利用的其他要素，例如一个磨盘、一口枯井等都可以作为场地景观设计用。场地外围视线所及的景观也可借入场地中，如“采菊东篱下、悠然见南山”即是将“南山”作为景观要素引入到园内。

（6）对人的需求及行为心理进行分析。人与现代园林环境的关系是相互的，环境无时无刻不在改变着人们的行为，而人们的行为也在创造着环境。不同人群对周边环境有着不同的要求，因此根据场地现状资料深入分析场地潜在使用人群的需求可使设计更加人性化。不同年龄段、文化层次、工作性质、收入状况的人群，他们有各自不同的需求，而针对不同的需求所营造的景观也不尽相同的。例如，现代园林草坪中踩踏出条条园路就是由于前期分析缺失。设计前期进行人流分析，可帮助设计者描绘出场地中潜在的便捷道路。

（7）对场地的社会人文进行分析。通过查阅历史资料及现场问讯获得场地社会人文方面信息。对场地社会、人文信息进行分析可帮助设计人员把握场地主题立意思想，为场地立意提供线索。如历史文脉和民风民俗方面的历史故事、神话传说、名人事迹、民俗风情、文学艺术作品等。而地标性及可识别性遗存也可以唤起对场地历史的追忆，如一棵古树、一座石碑或是一台报废的车床。

（8）对场地的风水格局进行分析。风水学是古人通过对环境的长期观察，总结出来的一套设计规划理论，在现代社会仍有一定借鉴意义，特别在别墅庭院、居住小环境设计中应用广泛。例如居住区交叉道路，应力求正交，避免斜交。斜交，不仅不利于工程管线设置，妨碍交通车辆通行，而且会造成风水上的剪刀煞地段。风水民谚有“路剪房，见伤亡”的谚语，这种地段不宜布置建筑，只适宜绿化和设置现代园林小品，标志性设施等非居住性设施。

每个设计项目的场地现状条件都不可能与项目要求完全一致，因此在完全了解项目要求的前提下，需要依据前期收集资料对场地现状进行分析与评估，得出场地现状与项目计划及功能要求之间适宜程度。根据场地的适宜度找出场地现状中无法满足项目要求的因素，进而在其后设计阶段通过一定方式、方法对这些不利因素进行调整。

3. 现代园林建筑规划设计场地分析的意义

确定了场地空间布局、功能及区域关系。通过场地分析首先划分场地功能分区，基于不同的功能分区及分析成果组织路网、布置空间。确定了植物选种及配置依据，合理选择植物品种保证设计植物的成活率。为设计方案提供立意的思想来源，通过对人文资料的收集，挖掘提取设计主题思想，为避免和解决场地中的不利因素提供了手段，指出了场地内的不利因素，包括不利的人工环境和自然环境，如地上及地下管线、恶劣的小环境、土质等，使设计可轻松地避免这些问题。使场地自然生态、历史文脉及民风民俗的保护和延续成为可能。

二、现代园林建筑工程设计场地标高控制和土方量总体平衡关系

现代园林工程是城市改造的主要形式之一，通过自然环境的人工建立，将人们的居住环境与自然相协调，形成社会、经济和自然的和谐统一。对于社会个人来说，还增加了欣赏的价值，陶冶人们的情操，缓解生活和工作的压力。城市环境质量的改善，除了在城市的街道进行植物和草坪的种植外，还可以在市区内进行现代园林工程的建设。现代园林工程作为一个小型的生态体系，在给人们带来自然享受的同时，也增添了艺术气息，为城市节奏生活增添了一份活力。现代园林工程涉及设计学、植物学、生态美学、施工组织管理等多个学科，需要根据设计图纸进行设计，要充分考虑施工所在地的水系、地形、现代园林建筑、植物的生长习性等，要具有全局统筹的概念，才能顺利达到设计意图。因此，现代园林工程管理体现出较强的综合性特点。植物种植完成后，后续的养护管理是一项持续性的、长期性的工作，养护管理不仅要保护好植物健康生长，还要合理维护现代园林的整体面貌，根据植物生长情况适时浇水、施肥，修建绑扎，做好环境保洁等工作，才能保证现代园林景观的艺术性与和谐性。景观建设是一门艺术建设工作，施工时要重点考虑小品、植物配置、古典现代园林等各种艺术元素，保证现代园林景观的艺术性。

（一）现代园林建筑工程设计场地标高控制

在现代园林项目工程施工建设的过程中，对于场地标高的控制与优化是一把非常重要的问题，土石方的工程也是现代园林绿化工程中的关键环节。在现代园林绿化工程中，场地标高的控制与优化和土石方工程的关系非常密切，要严格按照规格进行设计，确保现代园林绿色工程的质量，使得现代园林项目工程顺利进行下去。现代园林绿色工程中土石方项目工程的设计要求一般包括：

（1）在对现代园林工程中平面施工图进行设计时，一定要保证施工的基本安全，还要反映出现代园林建筑底层总体的平面图，并且要反映出现代园林建筑物的主体基础和现代园林挡墙的关系。

（2）在设计的时候还要考虑到施工现场和周边环境进行连接与协调，要按照现代园林工程项目的实际情况、现代园林工程的难易程度、现代园林工程总体的平面图与平场的施工图进行设计。

（3）在进行现代园林工程设计的施工，为了保证现代园林项目工程在施工建设与使用期间的安全，一定要达到现代园林项目工程的技术规范要求，保证现代园林工程施工现场给排水系统能够安全使用。

（4）在进行现代园林工程设计的时候，一定要科学合理的利用施工当地的自然条件，

并且对施工现场的标高进行控制与优化，尽量满足现代园林项目工程的管线敷设要求与现代园林建筑的基础埋深的要求，保证现代园林项目工程的设计要求。

总而言之，我们在满足现代园林项目工程的景观效果与整体功能的基准之后，要尽量满足施工的安全性与经济效益最大化，进而使得场地标高得以控制与优化。当然安全施工是最重要的，在对现代园林工程进行设计的时候以上几条都要得以保证，并且要尽可能结合施工现场的标高控制与优化的要求，减少外运及借土回填。这样对于施工时的排水非常有利，还要考虑到道路的坡度。现代园林景观造景的需要，一定要做好现代园林项目工程的成本核算进行控制。

（二）土石方工程在现代园林建筑工程设计中的意义

在现代园林项目工程的施工建设中，土石方工程其主要内容包括：施工现场的平整，基槽的开挖，管沟的开挖，人防工程的开挖，路基的开挖，填筑路基的基坑，对压实度进行检测，土石方的平衡与调配，以及对地下的设施进行保护等。在现代园林项目工程中，土石方工程主要指的是在现代园林项目工程的施工建设中开挖土体、运送土体、填筑和压实，并且对排水进行减压、支撑土壁等等这些工作的总称。在实际的工作中，土石方项目工程比较复杂，所涉及的项目也非常多，在施工中一定要了解施工当地的天气情况，要尽量避开雷雨天气这些恶劣天气对这个工程的印象。我们一定要科学合理的安排土石方工程施工的计划，要选择在安全环境下进行施工建设，还要尽量降低土石方工程的施工成本，并且一定要预先对土石方进行调配，对整个土石方工程进行统筹，一定不要占用耕地与农田等这些良田的面积，要严格遵守国家施工建设的原则与标准，一定要做好架构的项目组织，还要对相关环节进行布置，并且对其基础设施进行保护，对土石方进行调配与运送，对工程施工进行组织，制定科学合理的土石方工程建设施工方案。

（三）现代园林建筑工程设计场地标高控制和土方量总体平衡的关系

在现代园林项目工程施工的过程中，土石方项目工程的施工一定要严格按照施工规范进行安全施工，其技术水平一定要达到标准，对后期景观每种类型的现代园林工程道路标高进行控制，在施工现场表面的坡度进行平整时，一定要严格按照合理科学设计规范的要求进行设计。在施工中要尽量避免“橡皮土”的出现，而影响到施工的进度。在自然灾害频发的季节进行施工的时候，一定要进行有效的防水与排水措施。在回填土方之前，一定要严格按照相关规定来选择适合的填料。在进行平基工作的时候，一定要确保安全施工的前提下，要使用有效的措施对施工现场的周围与场内设置安全网。对斜坡要实施加固技术，一定要按照适宜的坡度在临时的土质边坡实施放坡，在填土区来挖方。要尽量避免因为爆破行为来破坏建筑物与构筑物基础的持力层与原岩的完整性，在实施爆破的时候一定要采取专门的减震方法，在对岩土区挖方的时候，一般情况下需要爆破的地方大部分地形比较复杂，并且岩石的硬度也比较高。现代园林工程土石方工程的施工建设一定要严格按照设计规范与基本要求进行设计，在现代园林工程土石方工程进行施工之前，一定要综合的进行平衡测算，并且保证工程质量与安全。在进行建设施工的过程中，一定要严格按照相关的技术指标参数，平衡调配一定要做好，尽量减少工程的施工量，土石方的运程一定要最短，其施工程序一定要最科学合理。现代园林工程进行土方施工的时候，要对统筹全局，并且对施工后的景观造景、现代园林建筑与现代园林道路的标高进行控制，对土方量的填挖进行总体的控制，要理论结合实际，尽量和后期项目的施工相结合。如果现代园林项目工程的内部土方不能进行总体平衡，甚至将附近现代园林项目工程当作备选项目，一定要及时联系，并且提前做好准备。要尽可能将场地的标高进行控制与优化，并且要做到土方量总体平衡，要把这些有机地结合起来，尽量避免把大量的余土拉出来，避免四处借土，尽可能避免人为的原因造成的现代园林项目工程土石方的成本出现失控，进而避免经济损失。

综上所述，在现代园林项目工程施工建设中，一定要严格控制施工措施，并且严格按照设计原则与施工要点进行设计。现代园林项目工程中土石方工程是现代园林项目工程中的基础环节，为了保证安全施工和施工进度，一定要对施工现场的标高进行控制与优化，两者一定要相互结合做好科学合理的施工方案，这些都严重影响到现代园林工程的质量与工程施工进度。因此，一定要对施工现场的标高进行控制与优化并且结合土方量的总体平衡，并且形成良性循环，进而使得现代园林项目工程的总体目标奠定了坚实基础，确保现代园林工程的质量。

三、现代园林建筑工程设计用地

随着城市化的不断发展，在城市内部进行现代风景园林建设已经成为一种发展趋势。在进行现代风景园林设计时，有许多的问题是需要注意的，其中包括用地的规划、植被的选择以及景观的规划。文章通过对现代园林设计中设计用地进行研究和探讨，提出针对不同地势情况进行现代园林设计时，应该按照因地制宜的原则进行规划，保护环境。

（一）对地势平坦的现代园林场地设计

地势平坦是众多地形中，分布最广，也是最为常见的一种地形，在城市中广泛分布。作为城市中最常见的地形，也是在建设时遇到问题最多的，需要对规划时遇到的问题进行分析，并找出解决方法。这种现代园林的形式都有着相同的地方：我们在进行现代园林规划时，对现有的现代园林景观以及整个城市内部的地形和地势进行调整，而且会对整个城市内部的景观和地位进行了控制和管理。在建设时，由于平坦地形的独特位置，需要按照国家规定的标准进行建设。当然，为了营造出美好的画面，大多数的设计人员会在这些地方设计一些明显的建筑物，给予这个地方一个特点，也就是在这些点进行一些地标的建设。

在进行平坦地形规划的时候，有许多的问题是需要注意的，设计人员需要不断地提升设计规划能力以及一些标准的建设标准。那么就平坦的地形规划人员在进行建设时需要注意以下两点：第一，就是处理好设计的景观和已经存在的建筑物之间的关系，换句话说，我们需要对当地有特别明显的建筑物，我们需要进行缩小与参照物之间的距离，也可以小范围内的减小参照物的用地，依次减少景观用地。在我国的某个现代园林景观中，在进行规划的时候就采用了这种方法，这个现代园林景观在设计之初就是以这个地方的一个纪念碑为参照物，整个现代园林中就是突出这个纪念碑，那么在进行其他景观的设计的时候就对周边的景观和建筑物进行了缩小，以此来突出纪念碑的高大，这样的设计结果不仅减少这整个景观建设的造价，更减少了建设用地的面积。第二，我们需要对现代园林景观中的景观和环境进行处理，换句话说，我们在进行设计的时候，不能只是兼顾建筑的美感而忽略了对周边环境的保护，更有甚者为了满足设计的美感，而忽略了环境的保护。那么举一个成功的例子，就 2010 年上海世博会来说，在进行馆区建设的时候，都遵循了这种原则，做到了既美观有能够保护环境的原则。在众多馆园中，以贵州馆为例，这个馆在进行建设的时候，以贵州当地的景观为设计依据。并对建设地方的环境进行了科学的处理，做到了景观的优美和保护环境的效果。

平地景观的建设时候需要按照以下的几点进行规划和设计：①对于不能够得到有效利用的土地，我们在进行建设的时候，需要以当地的一些设计理念，对这些土地加以利用，更好地实现每一寸土地的价值。②我们在进行设计的时候，需要做好景观的美观和保护环境结合在一起。③我们可以运用科学的手段，做到既能够减少建设用地，又能够减少建设的造价。

（二）傍水现代园林的现代园林场地设计

自古以来，我国的现代园林建设中，以“水”为主体的景观数不胜数，傍水现代园林在我国的现代园林体系中占据主要的位置。水的利用使我国的景观中存在了一种特的韵味，它能够对周边的环境起到烘托的作用。现阶段，我国的水景观中，由于水系统的利用不合理，我们在进行管理的时候，不能够对景观进行有效的管理和控制，使我国的景观存在着一系列的问题。本书对景观中容易出现的问题进行了研究，并提出了解决措施。傍水景观中存在的问题就是两种：第一，我们设计的景观中存在着较多的建筑物，由于建筑物过多，那么我们设计的景观起到的美观作用较少。第二，就是对水资源的利用不合理，由水系统组成的景观比较复杂，不便于我们进行管理，就会使我们设计的景观没有主题，或人们在欣赏的时候，不能够体会到景观的主题。

解决方法：①我们需要对结合当地的建筑物加以分析，做到不能因为建筑物过于高大而影响了景观美化的作用，我们需要对当地的环境进行集中管理，做到建筑物与景观相辅相成，起到互相发展的作用。②我们需要编制水资源利用的标准，合理的利用水资源，尽可能让我们设计的水景观的作用扩大化。还有就是对旧有的水景观进行整顿和规划，并对不合理的景观记性整改。③由于当地的建筑物比较巨大，我们在进行景观设计的时候，不能够对既有的建筑物进行改造，所以我们可以运用上述的方法进行改造，换句话说就是缩小参照物。

（三）山体现代园林的场地设计

1. 遇到的问题

山区景观的规划一直是我们在进行现代园林景观设计中的难题。我们对遇到的主要问题进行了分析：①对山区的空间运用不合理，由于我国的地理差异较大，山区在我国的地形中也占据这主要的地位。对山区空间的利用，也是我们在进行景观设计的时候，需要掌握的。②就是对山区景观的植被的安排，换句话说就是对山区的植被进行栽植，不科学合理。所以营造出的氛围以及视觉效果不够明显。

2. 常用方法

针对上述的问题，我们结合科学的手法进行了科学的管理和规划。对于空间问题，我们可以利用新型的软件进行设计，这样就能够是我们在设计的时候想问题想得够全面。我们还可以结合新候，对发现的问题进行管理和解决，使我们设计的结果变得更加合理，积极地学习西方先进国家的设计方法，使我们的设计结果越来越接近现代化。还有就是我们需要对已经建设过的山区景观进行整顿，使旧的景观和新的景观结合在一起，使整个景观的安排变得合理。我们需要处理好景观的美化作用，要使整个设计的结果符合设计的原意，更好的发挥景观的作用。使整个景观达到视觉与听觉的合一。

综上所述，在对现代园林景观进行设计时，需要结合“因地制宜”的设计和管理原则进行土地的规划和管理，同时确保设计原则符合国家的建设与规划。另外在保护环境的前提下，做到景观的美化。

四、结合场地特征的现代园林建筑规划设计

“湖上春来似画图，乱峰围绕水平铺，松排山面千重翠，月点波心一颗珠。碧毯线头抽早稻，青罗裙带展新蒲，未能抛得杭州去，一半勾留是此湖”，白居易的《春题湖上》让美丽的西湖更加家喻户晓，而西湖名胜为何如此闻名中外，它除了宣传力度的广泛外，最根本的还是它结合场地特征进行优秀现代风景园林规划所呈现的景点焕发着浓郁的魅力吸引着人们。而现代风景园林设计就是在一定的地域范围内，运用现代园林艺术和工程技术手段，通过改造地形，种植树木、花草，营造建筑和布置原路等途径创作而成美的自然环境和生活，游憩境域的过程。它所涉及的知识面较广，包括文学、艺术、生物、工程、建筑等诸多领域，同时，又要求综合多学科知识统一于现代园林艺术之中来，使自然、建筑和人类活动呈现出和谐完美、生态良好、景色如画的境界。而现代的现代风景园林规划设计不仅遵循因地适宜的原则，更多地注重于空间场所的定义、现代园林文化的表达、新技术、新理念的融合。

（一）空间场所的定义

西湖风景名胜是建立在其场所特征之上的，杭州位于钱塘江下游平原。古时这里原是一个波烟浩渺的海湾，北面的宝石山和南面的吴山是环抱这个海湾的岬角，后来由于潮汐

冲击，湾口泥沙沉积，岬角内的海湾与大海隔开了，湾内成了西湖。由此，它三面环山，重峦叠嶂，中涵绿水，波平如镜，全湖面积约 5.6 平方公里，这三面的山就像众星拱月一般，围着西湖这颗明珠，虽然山的高度都不超过 400 米，但峰奇石秀、林泉幽美，深藏着虎跑、龙井、玉泉等名泉和烟霞洞、水乐洞、石屋洞、黄龙洞等洞壑，而西湖风景区里的诸多景点更似浑然天成，少有人工雕琢的痕迹，即使少许堆砌，也充满着自然的韵味。例如西湖中的三潭映月，它不仅是全国唯一一座“湖中有岛，岛中有湖”的著名景观现代园林，其三塔奇观更是全国仅有，犹如西湖中的神来一笔，让西湖更富有诗意。

（二）现代园林文化的表达

“西湖风光甲天下，半是湖山半是园。”西湖之美一半在山水，一半在人工，形式丰富，内涵深厚。精工巧匠、诗人画家、高僧大师，使现代园林之胜倍显妩媚。“西湖文化”最可贵的是公共开放性。在很多人的印象中，最能表达西湖文化的莫过于苏轼《饮湖上初晴后雨》“水光潋滟晴方好，山色空蒙雨亦奇。欲把西湖比西子，淡妆浓抹总相宜”。正因为有如此丰富的文化，在西湖风景区现代园林设计、创作方式才多种多样，灵感来源极其丰富，桃红柳绿，铺满岁月痕迹的青石板、各色的鹅卵石与周围环境融为一体。正如巴西著名设计师布雷・马克思说：“一个好的现代风景园林设计是一个艺术品，对比，结构、尺度和比例都市很重要的因素名单首先它必须有思想”，这个思想是对场地文化的深层次的挖掘，只有这样的设计作品才能体现出色的艺术特质，让景点充满着生机。

（三）新技术、新理念的融合

现代风景园林设计的最终目标与社会生活的形式及内容之间的关系表明了熟悉和理解生活对于现代园林设计创作的意义，新技术的不断涌现，让我们在现代风景园林规划上有更多的展示空间。新技术的创造让“愚公移山”不再是几代人的接力赛，新理念的融合更让场地在保护自己特质的同时更完美的呈现艺术美。

在西湖环湖南线的整合中，始终贯穿着一个非常清晰的理念：在自然景观中注入人文内涵，增强文化张力，将南线新湖滨建设成自然景观和文化内涵有机结合的环湖景观带，成为彰显西湖品位的文化长廊。充分保持、发掘、深化、张扬其文化个性，成为环湖南线景区整合规划的核心。整合的南线是一派通透、开朗、明雅、隽秀的风光，西湖水被引入南线景观带，人们站在南山路上就能一览西湖风光，南线还与环湖北线孤山公园连成一线，并与雷峰塔、万松书院、钱王祠、于谦祠、“西湖西进”、净慈禅寺等景点串珠成链，形成“十里环湖景观带”。杨公堤、梅家坞等这些已被人们淡忘的景点重新走进人们的视线：“野趣而不失和谐，堆叠而不失灵动”，清淤泥机、防腐木等新技术产品的广泛运用，让西湖西线杨公堤景区增添成为一道亮丽的彩虹，木桩驳岸等新工艺的运用让湖岸的景观更趋于自然。

现代风景园林规划设计首先关注的是场地特征。奥姆斯德和沃克斯在 1858 年设计的纽约中央公园，当时场地还是岩石裸露和废弃物堆积的情况下，奥姆斯特德就畅想了它多年的价值，一个完全被城市包围的绿色公共空间，一个美国未来艺术和文化发展的基地。在尊重场地的本质上，经过改造，现成为纽约“后花园”，面积广达 341 公顷，每天有数以千计的市民与游客在此从事各项活动。公园四季皆美，春天嫣红嫩绿、夏天阳光璀璨、秋天枫红似火、冬天银白萧索。有人这样描述中央公园：“这片田园般的游憩地外围紧邻纽约城的喧嚣，它用草坪、游戏场和树木葱茏的小溪缓释着每位参观者的心灵。”

西湖景区在杭州城市大发展的同时，在空间场所的定义、文化表达、新理念的融合上走出了坚实的一步，充分体现了其场地特征上优秀的旅游资源，让新西湖更加的景色迷人，宛若瑶池仙境。西湖之外还有好多“西湖”，在现代的现代风景园林规划设计中只有不断地提高认识水平，发掘场地深层次的含义，才能创造出一个个美好的景观场所。

第六节　方案推敲与深化

一、完善平面设计

城市化进程的不断加快，在推动人们生活水平不断提高的同时，也带来了巨大的环境污染和破坏。人们对于自身的生活环境提出了更高的要求，希望可以更加方便地亲近自然。在这样的背景下，城市现代园林工程得到了飞速发展。在现代风景园林设计中，平面构成的应用是非常关键的，直接影响着现代园林设计的质量。本节结合平面构成的相关概念和理论，对其在现代园林设计中实施的关键问题进行了分析和探讨。

（一）平面构成的相关概念

从基础含义来看，平面构成是视觉元素在二次元平面上，按照美的视觉效果和相关力学原理，进行编排和组合，以理性和逻辑推理创造形象，研究形象与形象之间的排列的方法。简单来讲，平面构成是理性与感性相互结合的产物。从内涵来看，平面构成属于一门视觉艺术，是在平面上，运用视觉反映和知觉作用所形成的一种视觉语言，是现代视觉传达艺术的基础理论。在不断的发展过程中，平面构成艺术逐渐影响着现代设计的诸多领域，发挥着极其重要的作用。在发展初期，平面构成仅仅局限于平面范围，但是随着不断的发展和进步，逐步产生了“形态构成学”等新的学说和理论，延伸出了色彩构成、立体构成等构成技术，不仅如此，强调除几何形创造外还应该重视完整形、局部形等相对具象的形也应该适用。

（二）平面构成在现代园林设计中的方案推敲与深化

在现代设计理念的影响下，现代园林设计不再拘泥于传统的风格和形式，呈现出了鲜明的特点，在整体构图上摒弃了轴线的对称式，追求非对称的动态平衡；而在局部设计中，也不再刻意追求烦琐的装饰，更加强调抽象元素如点、线、面的独立审美价值，以及这些元素在空间组合结构上的丰富性。不仅如此，平面构成理论在现代园林设计中的应用具备良好的可行性：一是现代园林设计可以归类为一种视觉艺术，二是艺术从本质上看，属于一种情感符号，可以通过形态语言来表达，三是视觉心理趋向的研究为平面构成理论提供了相应的心理学前提。平面构成在现代园林设计中的应用，主要体现在两个方面：

1. 基本元素的设计方案推敲与深化

（1）点的应用。在现代园林设计中，点的应用是非常广泛的，涉及现代园林设计的建筑、水体、植被等的设计构成。点元素的合理应用，不仅能够对景观元素的具体位置进行有效表示，还可以体现出景观的形状和大小。在实际应用中，点可以构成单独的现代园林景观形象，也可以通过聚散、量比以及不同点之间的视线转换，构成相应的视觉形象。点在现代园林设计中的位置、面积和数量等的变化，对于现代园林整体布局的重心和构图等有着很大的影响。

（2）线的应用。与点一样，线同样具备丰富的形式和情感，在现代园林设计中，比较常用的线形包括水平横线、竖直垂线、斜线以及曲线、涡线等。不同的线形可以赋予线元素不同的特性。

（3）面的应用。从本质来看，面实际上是点或线围合形成的一个区域，根据形状可以分为几何直线形、几何曲线形以及自由曲线形等。与点和线相比，面在现代园林设计中的应用虽然较少，但也是普遍存在的，例如，在对现代园林绿地进行设计构造时，可以利用不同的植物，形成不同的形面，也可以利用植物色彩的差异，形成不同的色面等。在现代园林设计中，对面进行合理应用，可以有效突出主题，增强景观的视觉冲击力。

2. 形式法则设计方案的推敲与深化

（1）对比与统一。对比与统一也可以称为对比与调和，其中，对比是指突出事物相互独立的因素，使得事物的个性更加鲜明；调和是指在不同的事物中，寻求存在的共同因素，以达到协调的效果。在实际设计工作中，需要做好景区与景区之间、景观与景观之间对比与统一关系的有效处理，避免出现对比过于突出或者调和国度的情况。例如，在不同的景区之间，可以利用相应的植物，通过树形、叶色等方面的对比，区分景区的差异，吸引人们的目光。

（2）对称与均衡。对称与均衡原则，是指以一个点为重心，或者以一条线为轴线，将等同或者相似的形式和空间进行均衡分布。在现代园林设计中，对称与均衡包括了绝对对称均衡和不绝对对称均衡。在西方现代园林设计中，一般都强调人对于自然的改造，强调人工美，不仅要求现代园林布局的对称性、规则性和严谨性，对于植被花草等的修剪也要求四四方方，注重绝对的对称均衡；而在我国的现代园林设计中，多强调人与自然的和谐相处，强调自然美，要求现代园林的设计尽可能贴近自然，突出景观的自然特征，注重不绝对对称均衡。

（3）节奏与韵律。无论任何一种艺术形式，都离不开节奏与韵律的充分应用。节奏从概念上也可以说是一种节拍，属于一种波浪式的律动。在现代园林设计中，通常是由形、色、线、块等的整齐条理和重复出现，通过富于变化的排列和组合，体现出相应的节奏感。而韵律则可以看作一种和谐的秩序，当景观形象在时间与空间中展开时，形式因素的条理与反复会体现出一种和谐的变化秩序，如色彩的渐变、形态的起伏转折等。现代园林植物的绿化装置中，也可以充分体现出相应的节奏感和韵律感，使得现代园林景观更加富有活力，避免出现布局呆板的现象。

（4）轴线关系的处理。所谓轴线关系，是指对空间中两个点的连接而得到的直线，然后将现代园林沿轴线进行排列和布局。轴线在我国传统现代园林设计中应用非常广泛，可以对现代园林设计中繁杂的要素进行有效排列和协调，保证现代园林设计的效率和质量。

总而言之，在现代园林设计中，应用平面构成艺术，可以从思想和实践上为现代园林的设计提供丰富的源泉和借鉴，需要现代园林设计人员的充分重视，保证现代园林设计的质量。

二、完善剖面设计

本节从现代园林建筑创作设计案例着手，分析其独有的空间表达的同时引发对剖面本质的追问，重新审视透视法则在当代建筑设计中的意义。提出要努力营造人为的剖面空间，考虑现代园林建筑空间体验的复合性及关注全局考量下整体化剖面设计的意义和方法。

从希腊哥特式的金科玉律到现代主义应对社会现实的标准化，建筑长久以来自发地保持与时代特征的关联与协调。玻璃表皮和玻璃墙面的大面积使用，开始有可能将建筑骨架显现为一种简单的结构形式，保证了建构的可能性，空间从本质上被释放，为设计和创作的延续奠定了基础。伴随着人类社会的演化，城市区域的发展以及技术的进步，建筑进入当代开始呈现出独立的、时刻有别于他者的空间职能。瞬息的转化促使着当代建筑师对建筑的本质做出反复的思考与追问，其中创作手段的探索也如同人们对于外部世界的认识，抽丝剥茧，走向成熟，并得益于逆向思维和全局观的逐渐养成，将设计流程对象及参照依据直接或间接地回归建筑生成的内核。剖面设计在其中逐步起到了重要的指导作用。保罗·鲁道夫认为建筑师想要解决什么问题具有高度的选择性，选择与辨识的高度最终会体现在具体的内外空间的衔接和处理中，即深度化的剖面设计。

本节将借助一对反义字样——“表·里”为引线，浅谈建筑创作中剖面空间形成的由对象的表现到隐性的达意的过程和成熟。分别从透视的剖面、人为的剖面和整体的剖面三部分论述剖面空间设计在当代建筑创作中的教益。

（一）透视剖面设计方案的推敲与深化

1.“表”

传统制图意义上的剖面可概括成为反映内部空间结构，在建筑的某个平面部位沿平行于建筑立面的横向或者纵向剖切形成的表面或投影。空间形式和意义的单一化导致了人们长期以一种二维的视角审视剖面，反过来对于人们的创作也造成了很大程度上的束缚。类似的，早期线性透视法作为文艺复兴时期人类的伟大发现，长久以来支配着建筑的表达。一点透视以其近大远小的基本法则成为人们简化设计思绪，成为刻画最佳效果的首选方法。然而，线性透视作为人们认识的起点，作为建筑设计的表达和思考方法似乎太过局限，一点往往可以注重灭点及其视线方向上的物景，却忽略了其他方向上景观的表达。透视从近处引入画面，向着远处的出口集聚。如此，一个不同时间中发生的多重事件被弱化为了共时性的空间。进而只能针对局部描述，切断了建筑整体的联系组织，不利于设计师对于建筑设计初期的整体把握。

2. “里”

中国古代画作中使用散点画法，以求达到在有限的空间中实现磅礴的意向。唐代王维所撰《山水论》中，提出处理山水画中透视关系的要诀是：“丈山尺树，寸马分人。”这其中并没有强调不同景深的事物尺度的差异。相较之，西方绘画中十分重视景物在透视下的呈现。且不难发现西方的大场景画作绝大多数均为横向构图，与中国山水画恰好相反。这一方面体现着艺术创作思维的差异，另一方面也印证了竖版画面与赏画者感知的某种趋同。中国画中少了一些西方的数理逻辑，多了几分写意的归纳。空间纵深的处理往往具有多个消失点，观察者不仅可以以任意的元素为出发点欣赏画作的局部描绘，同时由于画面本身环境的创设，也可以站在全局的角度与宏大意境的有效对话，而不受局部“不合理”的透视的束缚——艺术表现与现实的均衡。这与全景摄像技术有相类似的原理，如若采用西画中“焦点透视法”就无法达到。显然，山水画中情景类似现实建筑场景的抽象，中国绘画中的散点透视法对当代建筑创作提供了启发，在更高层面要求的建构和操作上满足了当代建筑的复杂性与包容性，从而形成了很大一部分属于平面和剖面结合的复合产物，形成有别于传统的、按功能的、较为单一的创作模式与表达意图。

3. 基于内在的技术的形式表达

内在的技术表达作为形式最终生成的支撑，在建筑创作过程中起到重要的作用。在强调节能建设，提倡建筑装配式、一体化设计，关注建筑废物排放对生态环境影响的现在，技术在建筑中的协同作用越来越明显，并且可以通过有效的模拟进行对能源耗散系统的优化。从剖面入手的节能原理设计可以为后期具体设备安排的再定位做好前期设想。

4. 基于全新的功能诠释

当代建筑的室内总体呈现出非均质、复合的风格和空间个性。大众社会活动的极大丰富转型和商业等消费需求的快速膨胀，催生了建筑空间的全新职能，构件（系统）逾越自身传统的特性实现属性和价值的进化：室内阶梯转化为座椅、幕墙系统架设出绿意等反映了空间与身体的互动。在库哈斯的建筑里，剖面的动线呈现出了新的特征：动线在空间中交错并置，运动的方向不再只是与剖切的方向平行或垂直，路径融于空间的不自觉中。斜线和曲线的排列加强了斜向空间的深度，且没有任何一个方向是决定性的，但仍然是有重点，有看点的。美国达拉斯韦力剧院通过剖面的设计实现对传统空间层级划分和使用概念的颠覆，建筑师通过对场所的解读和传统剧场流线运作的反思从剖面的视角创新并实现

“层叠”“底厅”的理念引起了极大的关注，赢得了“世界第一垂直剧院”的美誉。

5. 基于公众认知和社会文化内化的需求

公众的认知水平直接影响着社会的整体素质和社区生活的价值观，也决定着民众对建筑空间的接受和解读程度。建筑最根本地发生在人们的观念之中 6。社会文化等长期以来形成的“不可为”的观念及意识形态，同样给予人们包括设计师以影响。剖面空间的设计可以很好地深入建筑的内部，立体地斟酌适合社区环境和对可适化要求下人们所认同的空间尺度形态的调整与延续。

（二）人为剖面设计方案的推敲与深化

1.“表”

为何要提出人为的剖面？何为“人为”？这依然要返回到最原初的那个问题，即何为剖面，剖面与立面的区别在哪里？这里首先论述“表”的问题。传统剖面设计是被动式的，是平面和立面共同生成的自然而然的结果，并没有自主性，即在剖面设计中没有或鲜有设计师的专门参与。传统剖面分析也是仅仅基于建筑某一个或几个剖切点的概括性剖面，少有细化到每一楼层或房间，剖面设计成为了一直以来被遗忘的领域。然而结构形态的变形扭曲，材料透明性交叠下的多重语境，流线的复合和混沌等等都彰显着当代建筑空间复杂化、空间多维化的趋向，要求我们能够以全面的动态的视角分析建筑的特征和意义，而非仅以某种剖切前景下的类似立面图形予以表达。西方当代建筑实践在剖面化设计中更为突出与激进并表现在具体作品中。

2.“里”

“人为的”在关键词中被译为“manner”，意为“方式，习惯，规矩，风俗”等。人作为使用者体验建筑，同时受制于建筑自身的条件与管理。人为的剖面意在表达创造一种有条件的剖面，这种有条件是以人的需求为立足点的，同时顺应人在建筑中体验交互的行为方式，人们日常的生活习惯，传统的风俗和规矩所养成的意识以及态度。这种剖面空间的创作从一开始便是夹杂着唯一性的，至少是具有针对性的。任何空间最终都不可能以期完美地解决所有问题，对于所谓的通用空间或是公共场域往往抱有过多的期望，以致走向了对空间职能认识的极端而产生偏差。清楚地说，就是要利用这些限制条件和要素做出针对性的定义。在实际体验中，人们很少以俯瞰的角度观察事物，也正契合了剖面设计是一种人眼的角度的在位设计。在建造技术日趋成熟以及人们对于建筑的空间认知逐渐转变的当下，形态、结构或者功能的挑战在很大程度上都可以通过过往经验协调处理，而我们在设计的思路和模式上应该更加关注具体的（并非抽象的）人群在具体空间中的使用可能，结合前期的具体数据并最终做出理性的判断和最优化的设计决策。

立面相较剖面更加注重外部空间界面的效果及建筑体量特征的界定，而剖面则更加关注建筑内部各部分空间的结构与关系（楼层之间的或是进深向度上的）。立面在现实状态下是透视状态下的立面场景，加之近几年对于外表皮研究的升温，建筑外立面的整体性与不同朝向的连贯性得以强调与优化；同样由于幕墙界面的大规模运用，建筑内部结构与外部表皮的分离导致了设计模式的调整，进而剖面空间的行为景象呈现出从建筑内剥离外渗出来的趋势。内部被连续完整地呈现出来：SANAA 一直以来都在寻求和探索建筑与环境的最大限度融合，运用无铁玻璃和高度纤薄的节点处理最大程度减少室内外景观对视的差异，模糊了物理和心理上的边缘感，最终落脚在人们室内的具体行为活动及其交互的景象。建筑立面被淡化了，剖面取代了立面。建筑空间的层次性在透明表皮下得到了更为强烈的剖切呈现，外表对于外环境的反射和吸纳产生了现象化的矛盾。剖面不再仅仅是建筑室内构件剖切状态下的符号化表达，进而演变成可以表现建筑空间整体形态以及产生与周边环境的微妙对话。

（三）整体剖面设计方案的推敲与深化

传统建筑创作设计总体呈现出的较为程式化、独立化，与周边环境不追求主动对话的特征，归根结底，仍然是由技术主导的空间模式所造成的局限。建筑的总体形制和体块布局也可简化为立方体的简单组合和堆砌以适应明晰的结构和经济合理的任务书要求。因而，即使是进行有意识的剖面设计或是借助剖面进行前期场地与建筑的分析，也很难实现深度化细节化的成果表达，一如现代建筑旗手格氏致力于表达这样的概念：建立一个基座，并在其上设置一系列的水平面，剖面设计长期受到忽视也再正常不过了。

1. 可达性

可达性是必要的。空间中的可达性从表象大致包括基于视觉的图像信息捕捉和建立在触觉条件下的系列体验。它的存在使得建筑的体验者与建筑界面之间保有空间的质量，始终维持着建筑的解读者对于空间的再认识并最终确立着建筑终究作为人造物的实体存在性。在当代建筑中，距离不定式的空间性格表现得更为彻底和一致。建筑由现代进入当代，实现了时间轴上的进化，同时不断地在适应新时代的态度。Marco Diani 将其总结为：为克服工业社会或是当代社会之前时代的“工具理性”和“计算主导”的片面性，大众一反常态，越来越追求一种无目的性的，不可预料和无法准确预测的抒情价值。体验性空间中真实与虚拟并存，Cyberspace 中人机交互式的拟态空间为触觉注入了全新的概念，感知信息的获取和传达不再受距离尺度的限制，时间取得了与空间的巧妙置换。共时性视角下三维的剖透视逐渐成为特别是年轻一代建筑师图示意向的首选，信息化浸淫下的建筑与城市空间逐渐被关注与探讨。

2. 真实的剖切

整体化剖面设计中“真实的剖切”成为空间中可达性与认知获得感的落脚点。提出真实的剖切在于再次思考剖面的含义和剖切的作用。剖面一直以来都不是以静态的成图说明意图的，而应至少是在关联空间范围内的动态关系，剖面可以转化为一系列剖切动作后的区域化影像，避免主观选择性操作产生的遗漏。建筑项目空间的复杂度和对空间创作的要求决定了具体的剖面设计方法与侧重：例如可以选择建筑内部有特征的行为动线组织动线化的剖切，如此可以连续而完整地记录空间序列影像在行为下的暂留与叠显，抑或是进行“摆脱内部贫困式”的主题强化的剖切。选择性剖切的好处在于能够有效提炼出空间特质，具有高度相关性和统一性，进而针对其中的具体问题进行真实的解决，也便于进行不同角度的类比，为空间的统一性提供参照。同时，可以有效地避免在复杂空间中通过单一的剖切造成的剖面结果表达的混乱。事物的运动具有某种重演性，时间的不可逆的绝对性并不排斥其相对意义上的可逆性，空间重演、全息重演等也为空间场景的操作保留了无限的探索前景。实体模型的快速制作与反复推敲以自定义比例检验图示的抽象性，避免绘图的迷惑与随意，建筑辅助设计也为精细化设计保障了效率，建筑空间真实性的意义得以不断反思。真实的剖切是立足于整体剖面设计基础上的空间操作，是更为行之有效的剖切方法，也是对待建筑空间更为实际的态度。

真实的剖切优化了城市中庞杂的行为景观节点。外部立面长久以来的设计秉持将逐渐形成与室内空间异位的不确定；同时，建筑室内活动外化的显现依然在不断强调其与城市外部空间界面的融合，进而必然催生剖面和立面的一体化设计，创造出室内与室外切换与整合下的全新视野。

剖面设计是深度设计的过程并一以贯之。空间的革命，技术的运用，构件的预制等都为当代建筑在创作过程中增添了无限内容和可能，也为相当程度作品的涌现创造了条件，甚至 BIM 设计中也体现了“剖面深度”的概念和价值，相关学科技术的协同发展同样不断推进影响着人们对于建筑的解读。剖面设计作为人们长期实践中日趋成熟的设计方式和方法，值得设计师们继续为其内涵和外延做出探索。

三、完善立面设计

随着社会主义市场经济的快速发展，现代化信息技术的不断进步，在一定程度上推动我国现代园林建筑行业的发展，并随之呈现出逐步增长的趋势。尤其是在最近一段时间，我国现代园林建筑立面设计也得到了广泛发展和应用。其作为建筑风格的核心构成要素，直接和外部环境有着密切相关的联系，还加深了人们对建筑风格的认识。本节主要是对新时代下现代园林建筑立面设计的发展展开的研究，并同时对其创新也进行了合理化分析。

随着国民经济与科学技术的迅猛发展，我国建筑立面设计迎来发展的高峰时期。可随着城市化进程不断加快，物质文化水平的普遍提高，人们也开始对建筑立面设计提出更严格的要求。它主要是指人们对建筑表面展开的设计，而对应的施工单位就可依照设计要求来进行施工，其目的就是为美观建筑，同时起到防护的作用。

（一）建筑立面设计方案的推敲与深化

1. 立面设计的科学性

在大数据时代下，由于经济社会发生巨大变革，人们不自觉对居住环境提出更高要求，在满足居住安全的同时，还要求舒适。其主要原因就是因为社会大众的审美观念得到进一步提升，为适应新的设计结果，就必须设计出新颖的作品，但又不允许设计的作品太过于花哨，怕其破坏建筑立面的设计效果。现在部分区域为满足市场要求，会在立面上安装空调，或者其他，导致设计的整体性被破坏。最重要的是，还导致立面设计无法达到其根本要求。

2. 建筑立面设计的时效性

不管是哪一种建筑物在进行建筑时都不能忽略其使用寿命，尤其是当今时代的立面设计，更不能偏离该角度来展开设计。而且在设计建筑平面时，必须要做到合理有效，这就需要从当地区域的环境因素着手，并以经济效益作为基础，以展现时代文化作为立面设计的核心内容，使其建筑立面的设计可以与自然环境、社会环境以及人文环境保持一致，这样一来，就能起到意想不到的作用。当然，为提高建筑立面的耐用性，设计师必须多运用质量好的施工材料，并同时制定出独具特色的设计方案。例如，人们都喜欢夏天住在天气凉爽的地方，相反，在冬天，就喜欢住在暖和的室内。依据上述情况，就可选取一些高质量的材料进行设计，以便可以起到调节温度的作用。

（二）新时代背景下建筑立面设计方案的推敲与深化

1. 建筑立面设计与社会需求方案的结合

如今，当人们在观察多种多样的工程时，最先展现在人们眼前的就是建筑立面，尽管传统的设计更趋向于古典，但其设计方案却比较简单，只是单方面从颜色与结构上对其展开设计，根本无法真正发挥其重要作用。也就是说，建筑立面设计必须顺应时代发展潮流，并不断对立面设计展开创新，使其更符合社会发展要求。由于经济全球化，各施工单位为满足经济利益的发展要求，就必须适应当今时代的发展要求，设计出一系列的建筑作品。当然，最吸引人们眼球的就是建筑物的外观，只有将其和实际要求结合在一起，并最大努力去满足这一基本要求，就能在激烈的市场竞争中获取竞争优势，满足市场发展的基本要求。而且，还可以满足节能环保这一基本要求。当在进行设计时，必须自始至终把握好时代发展内涵，不断在创新过程中谋得发展地位，以便更好地将节能环保理念融入设计过程中，使其可以完美展现设计作品。当制定设计方案时，就需要在新的设计环境中展现其创新思想。

2. 建筑立面设计与科学技术方案的结合

随着信息技术的快速发展，我国互联网技术也得到了进一步发展，这表明，以前的设计思想与理念远不能适应时代发展要求。设计师必须事先制定出设计方案，并同时将所有成功的案例和时代结合在一起，整理好，便于不断对立面设计进行创新。尤其是在新时代背景下，更有必要设计出多样化的作品。在高质量施工材料被研发出来以及人才大幅度增加的基础下，可以为时代的发展奠定物质基础。除此之外，计算机技术的广泛运用，也能为建筑设计提供新的手段，这样一来，就更加有助于设计人员设计出更好的作品。

（三）建筑细部设计方案的推敲与深化

1. 形式与内容统一

建筑主要可以给居民提供好的居住环境，建筑主要是为了给居民提供实用且同时兼具美观的居住环境，其实建筑的美观感受跟设计师的建筑理念是有关系的，在对建筑的外观进行设计的时候就需要建筑设计师以美观为主进行建筑的设计，建筑的设计也考验一个人的细心程度，建筑师想要从艺术方面出发，找到建筑设计中可以突出艺术的东西，然后再进行设计。但是从艺术方面出发的概念并不是全部都由艺术为主，为主的应该是建筑。设计一个圆形的房子如果只有圆形这个元素，那么很难成为一个建筑，因为最起码建立在地上的筹码都没有，就不能称为建筑，虽然有美观的成分在里面，但是却没有实用的成分在里面。这个跟细部设计其实是有关系的，主要建筑除了艺术形式外，最重要的就是细部设计了。细部设计相当于是结构，而建筑物本身的艺术性相当于内容，建筑物要保证的特点就是形式与内容统一，这样建筑出来的东西才会实用。以一栋建筑物为例，一栋建筑物中的房子类型其实应该是差不多的，至少形式方面差别不大，总体的内容也差不多大，这两者都是维持相互统一的状态。

2. 部分与整体结合

整体指的是建筑物本身，建筑物本身需要保证它的整体性，整体性当中包含了特别多的部分，这些部分也就是建筑的细部设计。建筑的细部设计是充满艺术形式的部分，这部分同时也构成了完整的建筑个体，建筑物当中整体的框架结构跟细部的细节处理其实是分不开的，两者只有在一起的时候才能凸显出建筑总体的美观性，所以有的人只注重建筑的总体形象不注重建筑的细节处理，而有的人只去注重建筑的细节处理而不注重建筑的总体形象，这都是发展建筑行业中的大忌。

3. 细部设计

（1）秩序。一般在进行细部设计的时候，都会在其中添加很多个点，这些标记的点都是为了让建筑物的结构更加稳固，至少在视觉上来看，该建筑物的样子是凝固在一起并且是特别有力量的；线和点的作用也如出一辙，都是为了更好地凸显出该建筑物的建筑感觉，更有立体感；与此同时，加上面的参与，就让建筑设计不再只是单纯的平面设计，而晋升为三维设计，让面充当建筑的一部分然后进行设计的好处就是可以有身临其境的感觉，在设计建筑物的时候就会更有想法，至少加入面能够直观地感受到建筑建造完成之后给人的一个感觉。点线面是建筑设计中的三要素，如果要考虑细部设计，要想以此体现出建筑的精致，那么合理并且充分地运用到点线面是最好的办法，并且运用点线面还能够保证细部设计的秩序，这才是在进行建筑物的细部设计工作当中最重要的，光是有了要求不去执行那么是绝对没有任何帮助的；靠对建筑细部进行设计来突显出外观的精致性还是特别有可能的。

（2）比例。高层建筑的建造设计工作中，最让设计师头疼的东西就是比例，任何东西都是有比例存在的，建筑物也一样。建筑物的比例是建筑物在建设过程中最应该去考虑的问题，很多别出心裁的工程师对建筑物进行比例设计时才会发现建筑物的比例设计得怎么样，就大概决定了这个建筑的发展动向。因为普遍在进行建筑物比例设计的时候没有建筑设计的意识，比例是建筑物的灵魂，比例支撑着整个建筑物的骨架，因为建筑物最核心的部分就是骨架的建立，没有对建筑物的基层进行加固，没有对它的钢筋框架进行加固，那么这个建筑物其实倒塌的危险还是存在的。如果建筑物一旦倒塌，那么所有的工作也就功亏一篑得不偿失，这还不如在在进行建筑的设计时，就把建筑比例放在首位，把建筑细节的设计放在首位，这样才能更好地建造出一个安全的建筑，方便给居民们提供好的居住环境。

（3）尺度。既然是高层建筑，那么人们站在建筑底下看建筑上面是怎么样的形态，整个建筑物给人带来的一个直观感觉也就算是这个建筑物本身的创意了。如果本身建筑物十分在意尺度这个问题，并且能够根据这个尺度来进行房屋的建设，那么最后建造出来的建筑物绝对就是尺度截然不同但是都给大家好的生活体验的房子，也同时促进了建筑行业进行发展，建筑行业在总体一起进行发展的时候也就会看重建筑尺度的重要性，然后不断进行尺度的测量研发，提出更多的细节设计方案，总体才能够让建筑物在细节上面就略胜一筹了。

第七节　方案设计的表达

在建筑的全生命周期里，建筑设计是位于前段的重要环节。如果一个建筑项目在设计阶段的方向失衡，其结果将影响到所有后续工作的进行。建筑设计并非建筑师单方面的工作，也不是单方向作业，而是由设计方和投资的开发者合力推动的团队作业。在整个建筑设计的进程中，设计方定期必须跟业主方商讨，向对方诠释阶段性设计内容，进行讨论研商并且根据双方达成的共识对设计内容和方向进行调整。

一、二维和三维演示媒体

提出设计方案的时候，设计方需要对设计内容做清晰地描述，让对方能够明确认知设计意向和具体设计内容，选用的传达媒介要能避免双方对设计内容产生认知差距。以往的年代里，建筑师别无选择的只能由传统二维图纸作为表达媒介物，这种平立剖面建筑图是一种符号化的图面，在具备从二维演绎三维能力的建筑专业人员之间沟通无碍，可是对于可能未曾受过建筑专业教育的投资方和一般民众而言，要从这种投影式的图里面理解三维空间具体的形体信息的确有较大难度，也必然会造成双方对设计内容的认知差距，直接影响到双向沟通和信息回馈。

现代电脑科技，提供了发布建筑设计方式的多样性选择，我们可以从二维或三维两种演示形态中选择不同的媒体来展示建筑空间。所谓“二维媒体”指的是由轴向投影表述建筑空间，包括传统的平立剖面建筑图，比较适合用在建筑专业人员间的沟通。

所谓“三维媒体”则指的是直观的描述三维空间建筑形体信息，包括三维空间建筑实体、虚拟的三维空间视景、动态模拟演示三维空间，以及通过虚拟实境技术让观众进入虚拟的建筑空间感受设计的具体内容。

传统的三维表述方式是制作缩小比例的实体建筑模型或画出建筑透视图。实体模型受限于比例尺和制作技术无法充分描述建筑物的细节，比较适合用于建筑体量表述或评估，加上只能从鸟瞰角度观察模型，难于从我们习惯的视觉角度来诠释建筑空间。因此在电脑如此普及的今天，我们对于三维表述方式可以有更好的选择[4]。

二、建筑透视图

建筑透视图能够自由地从各种仰视或俯视视角模拟观察建筑物，弥补了实体模型只能从高角度观察的缺憾。透视图可以巨细靡遗的表现建筑设计的细节和光影，能让我们经由“视觉印象再现”的方式认知某个方位建筑空间的形象。

近年来，受限于计算机渲染软件的专业性操作以及难以负担的高价位硬件，对于这种拟真程度 (Photo Realistics) 比较高的建筑透视图，大部分设计公司或事务所都只能委托外面的专业透视图公司代为制作，在时间上和金钱上花费不小。因此大都只用在建筑设计完成后的正式发布上，并且通常只提供少数几张透视图，展现的是几个特定方位的建筑空间形象，透视图未能涵盖的部分则需由大家自行揣摩想象。

只用少数几张透视图来发布设计方案，从建筑设计表达的角度来看其完整性是远远不足的。其次，由于这种透视图多半用于商业广告范畴，在其影像后制作过程里面，经常被制作者有意无意地对周围环境做过度美化，甚至为了观视效果改变太阳光影的方位，致使透视图在建筑表现上有些脱离现实，留下太多凭借想象的灰色地带。很容易使人们产生错误认知。从一般房屋销售广告文案中，留意那些画得美轮美奂的透视图，在图的下端都附有一行印得特别细小的免责声明，我们就可以看出其中的端倪。

运用 SketchUp 即时成像

如今，应用 Sketch Up 即时成像的 3D 影像技术，从设计起始直到完成阶段，我们随时在电脑屏幕画面上都能看到建筑空间任意角度的透视影像，从 Sketch Up 直接显现的透视影像虽然不如商业透视图那样光鲜亮丽，但是利用 Sketch Up 可以随时输出各种方位的场景影像，甚至输出动态模拟演示让观众体会身历其境的视觉感受。建筑空间用上直观的视觉描述消除了只能凭借想象的灰色地带，以 Sketch Up 在短短数年之内迅速普及的现况来看，未来把 Sketch Up 应用在建筑设计上作为主要设计工具将会是可以预见的趋势。

前面说过设计者必须主动向外表达建筑设计的设计意向和实质设计内容，也就是所谓 Presentation。表达的时机可能是在设计期中，建筑师在跟建筑项目投资方之间定期举行的设计讨论会上；也可能是完成设计以后，建筑师向建筑项目投资方总结设计成果或者是对外发布完整的建筑设计陈述。

应用直接操作三维空间的建筑设计方法，在各个阶段的设计表达方式上我们有好几种

4　裴小勇 . 浅谈景观建筑在现代园林设计中的应用 [J]. 中国新技术新产品，2016(11).

选择，包括静态影像、动态模拟演示、虚拟实境等，当然也包括类似于传统方式的平立剖面投影影像。其中最常被使用的方式，是以直观的静态影像诠释建筑设计内容，我们经由SketchUp建立三维模型，随时可以输出多个方位的场景影像，让观众经由视觉印象了解设计内容。如果时间上有宽容性和设计费相对宽裕，可以使用动态模拟演示的方式做更清楚的表达。以设计者的立场，必须顾及时间成本的支出。

未来当虚拟实境软硬件技术趋于成熟，能对复杂的建筑模型进行高速即时运算以及流畅的显示动态空间的时候，我们预见建筑业会及时接纳虚拟实境应用技术，届时在建筑设计发布方式上，虚拟实境将取代动态模拟演示成为主流的发布工具。本章接下来我们将对这些跟建筑设计表达相关的做法和技术做进一步说明。

四、从 SketchUp 输出场景影像

有两种方式可以从 Sketch Up 输出建筑模型的场景影像，第一种方式是直接把模型的场景输出成影像，另一种方式是对场景进行渲染输出成“拟真影像 (Realistic Image)”。从两种方式输出的影像画面表现有些差别，适合应用的场合和产生的效益也有些不同。(注：Render 有两个中文译名：“渲染”和“彩现”，简单地说是电脑对影像显示的运算过程，本书中使用渲染。)

从 Sketch Up 直接输出的影像，由于沿用 Sketch Up 包含物体边线轮廓的显示模式，与真实世界里看不到物体边线的视觉印象有些不同。而且 Sketch Up 目前版本尚不具备光迹追踪 (Raytrace) 或交互反射 (Radiosity) 等典型渲染功能，除了单一的太阳光源之外也没有内建人造光源 (Artificial light) 功能，输出的影像无法显现物体光滑表面的反射效果以及光线交互反射呈现的渐层光影。致使有些看惯了经由渲染器 (Renderer) 渲染影像的人感觉不习惯，因而负面评论 Sketch Up 的可用性。其实这是一种因为认识不清而产生的逻辑性错误，我们使用 Sketch Up 的目的是把它用作强而有力的设计工具进行建筑设计，并非利用它去构建模型制作建筑透视图。

运用 Sketch Up 我们在虚拟的三维空间里面构筑建筑模型，不论在设计过程中或设计完成后，我们随时可以从这个模型快速输出各种角度各种范围的影像，也可以输出不同表现风格的影像，比傻瓜相机还要好用。这是 Sketch Up 最大的威力之一，让我们完全可以有机会凭借人类熟悉的视觉印象去阐述建筑空间。

真实世界中建筑物的墙面、地面和其他表面上都嵌装着饰面材料，这些饰面材料的材质和颜色都是建筑设计不可分割的部分。如果在设计过程中设计者不设计饰面材料，或只看着一小块巴掌大的材料样品凭借经验或臆测来指定材料，老实说那是不负责任的做法。要知道室外自然光线会随着季节或时间而经常改变，在不同天气的自然光线映照下，建筑物的表面色彩和质感绝对不会跟那小小一块干净的样品相同。

第四章　现代园林景观规划

第一节　现代园林景观规划的文化和主题

现代园林景观是城市建设的一个重要组成部分，在满足人们生活需求的同时，凸显了城市的文化与内涵。现代园林景观为人们生活、娱乐休息提供了一个场所。现代园林景观规划要加强文化和主体的应用，更好的体现现代园林景观的美。当前现代园林景观建设过程中对文化和主题的应用存在着一定的问题，需要我们采取有效的措施加以应对，本节对此进行论述。

一、现代园林规划中应用主题和文化的意义

（一）自然景观与人文特征相融合

现代园林规划过程中对文化和主题的规划能够推动现代园林自然景观与人文特征的有机结合，从而更好地满足人们审美的需求，能够更好地彰显现代园林景观的独特之美。现代园林景观加强文化和主题的应用，一方面丰富现代园林的内涵，提高现代园林的观赏性，使得现代园林景观更加多样化；另一方面通过文化和主题的应用，帮助现代园林更好的展示独特美，从而凸显现代园林的特殊性，提高大众现代园林的审美。一些现代园林在主题和文化应用的过程中，将中西方因素相融合，不仅突出时代文虎啊，还能够更好的吸引观赏者，推动现代园林景观价值的实现。

（二）促进现代园林景观发展

在现代园林景观设计的过程中，将文化和主体结合，能够有效地促进现代园林景观设计快速发展，将时代性、地方性的独特文化充分的展示在现代园林景观之中，从而愉悦欣赏者，更好的促进现代园林景观事业的发展。现代园林景观的设计，一是能够通过现代园林景观展现的文化和主题激发观赏者的想象力，渗透出对观赏者潜移默化的教育；二是激发观赏者欣赏现代园林景观，发挥现代园林景观的作用，还能够推动现代园林景观设计的多样性，推动现代园林景观的发展；三是在现有现代园林景观主题的基础上，不断通过设计升华景观，营造更好的主体，推动现代园林景观设计更加独特化，促进现代园林景观快速发展。

二、当前现代园林景观主题和文化应用存在的问题

（一）过于关注表面，忽略了内涵文化

现代园林景观设计的目的是为了厰，因此在现代园林景观设计过程中对现代园林内的每一物的设计和布置都需要经过规划设计才能够开展，尤其是城市中的现代园林景观，其设计要切实符合城市发展要求，做到与城市文化相融合。但在这个过程中，现代园林景观设计往往舍本逐末，只关注到了外在的美能够与城市发展、规划等融合，过度的关注了外在美，忽略了内在主题和文化的设计，因此这些现代园林景观只能被称为景色较美的地方，难以起到净化心灵的作用，往往难以给人留下深刻的印象。

（二）文化与主题与现代园林环境未能有效的融合

现代园林景观设计之前应当做好选题，选择合适的文化和主题，从而统一设计与建设，这样才能确保现代园林景观体现出主题与文化。但是，当前的现代园林景观设计过程中，往往忽略了主题文化与现代园林环境的融合，导致了主题与文化要么未能充分的展现，要么与环境显得格格不入。现代园林景观与主题文化未能有效的结合使得整体环境不和谐。

（三）主题过多，整体杂而乱

现代园林景观在设计与规划过程中，为了凸显现代园林景观的文化内涵，需要对现代园林景观设计一些主题，与现代园林景观相协调。但在实际建设过程中，为了起到移步换景的效果，设计中往往会引入不同的主题来设计现代园林景观，这就导致整体景观较为混乱，无法展现核心主题，让整个环境变得杂乱无章，缺少真正的美感。

三、现代园林景观规划中文化和主体应用的策略

（一）因地制宜开展现代园林建设

因地制宜是我们开展各项工作都需要遵循的基本准则，现代园林景观设计也是如此。在现代园林景观设计过程中，要根据自然条件的设计情况以及规划的现代园林景观设计目标来进行综合性的分析，使自然环境与现代园林景观设计工作能够实现和谐统一的效果。现代园林景观规划的过程，一方面是构思现代园林艺术的过程，另一方面也是实现现代园林景观设计内容与形式相统一的过程。在开展现代园林景观设计工作前，我们首先需要对现代园林的性质以及功能进行定位，从而明确设计的主题，根据设定的主题对现代园林景观开展构思工作。主题确定过程中，一是要考虑现代园林景观的地理位置、自然环境，二是要符合民族文化特色、城市建筑风格，实现整体环境的和谐统一。例如，我们对城市广场的设计。城市广场作为满足城市发展需要、展示城市风貌的场所，其承担休闲、文化、商业等多种功能，是城市的名片，需要展示城市的文化特色，因此我们在建设过程中，要坚持创新，既要符合城市的整体风格，关注与传统，又要符合时代发展的趋势，加强创新。

而游园则不同，游园建设的目的是为人们提供休闲休憩的场所，因此在游园主题和文化的设计中，就要综合考虑各年龄段的审美，适合各种各样身份的人，贯彻以人为本的理念来开展设计与建设工作。

（二）统筹全局，实现整体与部分的统一

现代园林设计过程中一定要关注整体环境的和谐统一，因此在建设过程中一定要对全局进行统筹，让局部景观的建设符合整体环境的风格，实现整体与部分的统一。在现代园林设计过程中，要确定一个中心主题，在对各种文化景观进行建设过程中要切实符合中西思想的要求，实现部分促进整体、整体依托部分的发展。例如，我们在规划假山瀑布时，对于假山也注意高低起伏、有曲折、有迂回，体现出嘉善的特色，对于瀑布也要设计好水流路径，同时要使瀑布与假山二者相融合统一。

（三）坚持古今结合、中外结合

随着改革开放，我国与世界接轨越来越紧密，经济发展也越来越好，在全球化的背景下，文化开始了交流与碰撞，在现代园林景观设计过程中，我们可以借鉴西方现代园林设计中好的思路与做法，并与我国传统的优秀现代园林设计方法相融合，在中西结合过程中推动现代园林景观设计更出众，做好古今融合、今外融合，真正做到将现代园林景观设计面向世界，博采古今和中外，实现以我为主，为我所用。

现代园林景观规划与设计过程中，要切实加强文化和主题的应用，使现代园林景观在风景秀丽的同时凸显文化内涵，更好的陶冶情操。

第二节　儒家文化与现代园林景观规划

中国文化博大精深，源远流长，儒家文化亦如此，我国著名思想家以及教育家孔子就是儒家文化的主要代表人物。孔子的所有理念中有一项理念叫作生态美学理念，这一理念中蕴含着许多环境保护以及生态意识观念，对我国现代园林景观的规划以及设计有着非常重要的指导作用。早在先秦时期，人们自身所具有的朴素思想观念以及当时单纯的环境意识二者相结合形成了这一理论，这一理念成功的作为了我国生态环境保护意识以及生态美学思想的开端。本节笔者主要以儒家文化为主，丰富探讨了儒家文化对现代园林景观规划的重要性，尤其是将传统的儒家文化充分的应用在现代的现代园林景观建设上面，最终使当代现代园林景观更加合理、更加绚丽。

现如今，广大人民群众的生活越来越好，无论是交通还是运输变得越来越便捷，社会的进步与现代化科技的逐渐普及离不开我国现代文明的进步与发展，在此基础之上，我们也在面临着生态环境恶劣变化的问题。许多生活的便捷都是以破坏自然环境作为代价而换取回来的，但是有些环境的破坏是不可逆转的。基于此，人们应该从自身反省，及时树立

正确的价值取向以及哲学观念。这一观念早在儒家思想有所体现，“天人合一”这一观念是由儒家提出，儒家认为人们既不能成为大自然的主人也不能成为大自然的奴隶，人与自然平等，且二者不可分离。

一、儒家文化的生态美学和生态环境思想

提出生态环境思想正是儒家文化代表人孔子，这一思想自身所具有的开创性以及独特性为当代现代园林景观的规划以及设计提出了非常重要的参考依据，而且还作为当代人们处理人与自然关系理论依据。孔子虽然比较敬重天地，但是他并不以天地为所有，他相信世间人与自然之间有着必然的联系。孔子的文化理念都是从实际得出来的，这些理论应用性比较强，不仅具有合理性以及客观性，而且还从仁爱的角度提出人与自然应该友好相处，人们应该尊重、保护大自然。

二、儒家哲学意识对现代园林景观设计的影响

（一）儒家哲学思想“天人合一”的内涵

景观规划的思想来源就是儒家文化的哲学思想。孔子曾曰：“天何言哉？四时行焉，万物生焉，天何言哉！”这一句话完整的体现出规划设计是一个动态的建设过程。它告诉我们应该用变动的眼光去看待问题，而不应该静态的去思考。用流动的眼光进行设计，使各个环节都能够完美的串联在一起，使现代园林景观更加具有连贯性和流动性。“天人合一”这一儒家哲学思想，主要想表达的是人们在规划设计现代园林景观时，应该以积极的态度去处理人与自然环境二者之间的密切关系，以此来保证现代园林景观的可持续发展。

（二）现代园林景观规划设计中人的主体性是由儒家思想确立的

儒家文化所包含的三个主要内容是“仁、义、礼”，其中的“仁”主要讲究的是尊重、敬爱他人，并且安人之道也体现在其中。人在天地间的主体性是由儒家思想中的仁学而建立起来的。现代园林景观规划设计的主要目的是更好的为人民服务，在为人民服务的同时也要满足大自然的生态环境，所以现代园林景观在规划设计时要具有变动性、综合性以及包容性。其中儒家思想中特别强调的是以人为主体，以人为主体更加表明了人在自然社会中是处于主体地位的，其次也明确的表现出人在历史发展中是具有引领性的。以人为主体的哲学理念正好符合了现代园林景观规划设计的流动性和创造性。除此之外，人的社会性也体现在儒家文化“仁”学文化中，人在社会上的引领性和主体性是不可否认的，以至于现代园林景观的规划设计也应该体现出社会道德伦理的观点，设计者在设计时应该学习儒家思想，应该合理应用儒家文化中“仁”学思想所要表述的道德理论层面的人的主体地位以及社会责任感，任何一位设计者都应该先明确自己设计的初衷和设计目的，并且牢记在心，这样才能够设计出更加具有时代意义的作品。

（三）儒家文化中“天人合德”思想

在儒家文化中，我们需要学习和遵循的还有“天人合德”这一思想。“天人合德”主要强调，人虽然是世界的引导者，但是，人并不是自然万物的主宰者，不能对大自然为所欲为，而是要尊重大自然，尊重天与地，对大自然中的万物进行了解，并遵循、适应它，而不是想方设法地去改变它，这就是大自然的生态伦理。衡量世界的尺度标准不仅只有人，还有大自然，我们应该从自然、社会以及人这三个方面对世界进行衡量，对自然、社会以及人三者之间进行协调，使社会更具有系统性。这一系统性恰恰就是现代园林景观规划设计者在规划设计时需要注意的，站在高处总揽全局，全方位的考虑问题，使各个体系都能够串联起来。水体、建筑等等这些之间的协调性是现代园林设计中一些比较小的方面，大的方面则是人与自然、人与社会之间的协调性。儒家文化中“天地合德”这一思想所注重的就是这种协调性，将各个方面都联系起来，形成一个整体。因此，学习儒家文化，并将它合理的应用到现代园林景观规划的设计当中，对现代园林景观的更新换代有着非常重要的作用。

（四）儒家文化中“仁者以天地万物为一体”的整体思想

整体性这一思想是儒家文化在强调流动性的同时也在注重的一点，并且这一思想并不是简单地强调，而是具有明确的严格规定。“仁者以天地万物为一体”是指将世界万物全部都归集为一个整体，强调自然界各个元素轨迹所形成的一个完整的自然体系。儒家文化主要代表人孔子的仁德思想不仅仅针对人，而且还针对世间万物，明确提出仁爱与生态并重的这一理念。儒家文化这一哲学理念应该充分的应用在现代园林景观的规划与设计当中，从整体上来考虑，儒家文化更多的在于注重现代园林景观的整体性，以至于在未来几年内整个现代园林能够经得起考验。

综上所述，仁爱之心为儒家思想所强调，儒家思想对待世间万物也亦如此。每一位现代园林景观的规划设计者都应该努力学习儒家文化，并结合实际情况将儒家文化思想合理的应用在现代园林景观的规划设计中，这不仅能使整个现代园林景观极大的满足人们的生理需求，而且更能够满足人们的精神需求，最重要的还符合大自然的生态环境需求，使得现代园林景观的规划设计具有可持续性，并具有一定的时代意义以及文化价值。

第三节 声景学与现代园林景观规划

城市景观的最重要组成部分是现代园林，现代园林景观体现着一个城市的精神面貌，在美化环境的同时，丰富了人们的精神文化生活，使人们的生活质量得到了提高。但是随着城市经济的快速发展，现代园林景观面临的环境越来越复杂，为了保证现代园林景观的科学性和合理性，将声景学融入现代园林景观规划设计当中成了必然的趋势。本节将主要阐述声景学的基本概念和构成要素，并且探讨声景学在现代园林景观规划中存在的问题以及一些声景学在现代园林景观设计中应用的措施。

随着社会的快速发展和人们生活水平的提高，人们对现代园林景观的要求也越来越高，为了满足人们的需要，在现代园林景观规划过程中，将声景学融入现代园林景观规划过程中已经成了必然的要求。将声景学渗透到现代园林景观规划过程中，不仅可以提升现代园林景观的艺术效果，而且可以增强现代园林景观的生命力，从而可以使得现代园林景观规划设计更加合理、进一步提高现代园林景观设计的水平。

一、声景学的含义和相关要素

（一）声景学的含义

“声景”这一概念是在 20 世纪初，由芬兰的地理学家格拉诺提出的，随后加拿大的著名音乐家对其进行了详细的解释。声景主要是指在大自然环境中，一些能够值得欣赏和记忆的声音，而声景学是指研究这种声音的一种学科。随着声景学的发展，声景学被越来越多的认可，给人们带来了更好的观赏体验，因此声景学也被应用到了现代园林景观规划中。在现代园林景观规划过程中，越来越多的规划师、设计师喜欢将声音运用到其中，不仅增加了现代园林景观的动态美，而且从整体上增加了现代园林景观的美感。

（二）声景学的相关要素

声景学的相关要素大体上可以分为两大类，分别是自然界的声音和人工声音。自然界的声音是主要是指风声、流水声、树叶声、下雨声、鸟叫声等一系列未经人类改变过的声音，将自然界的声音融入现代园林景观规划中，可以营造一种生动的生态意境，从而使人们感受到大自然的美好和惬意。人工声音主要是指人在说话过程中发出的声音，或者人在进行活动时发出的声音。传统的现代园林景观设计观念认为人工声音是多余的，刻意强调要避免噪音，并且认为将人工声音融入现代园林景观规划中不能体现现代园林景观的静谧。随着声景学的发展，现代园林景观设计师为了让人们感受到现代园林景观的安全感和归属感，结合具体的环境和场地将一些有辩识性的声音融入现代园林景观规划中，从而给人们带来丰富的听觉享受。

二、声景学应用于现代园林景观规划中存在的问题

（一）重视程度不够高

声景学在我国现代园林景观规划设计过程中应用的比较晚，由于声景学的积极作用还没有得到广泛的认可，社会对其的认识程度不够高，因此制约了声景学在现代园林景观规划中的应用。在我国现代园林景观大多数都建在一些人口较多、交通发达的地方，现代园林景观很容易受到汽车鸣笛、人的喧哗等外界声音的干扰，因此政府相关部门对声景学不

太重视。

（二）缺乏科学的评价标准和规范体系

我国现代园林景观规划设计师在将声景学应用于现代园林景观设计过程中时，很容易出现一种极端的现象。声景学包括两种声音：①大自然声音；②人工声音，由于缺乏科学的评价标准，现代园林景观规划设计师在将声音融入现代园林景观规划中时，经常采用大自然声音，不采用人为声音，或者大量地采用人为声音，一味地摒弃大自然声音。

（三）难以满足当地人们的需要

我国幅员辽阔，人口众多，不同地区有着不同的文化传统和风俗习惯，不同地区人们的喜好也是有所不同的，比如我国北方的人们大多数都喜欢京剧、豫剧、二人转等，我国的南方人们大多数都喜欢黄梅戏、粤剧等。有的现代园林景观规划师在规划过程中无视当地人民的生活喜好和生活特点，盲目地将声景学融入现代园林景观规划中，这样的行为不仅不能够满足人们的需要，不能给人们带来丰富的审美体验，而且还会造成一种经济的浪费。

三、声景学应用于现代园林景观规划中的改进措施

（一）政府应加大扶持力度

现代园林主管部门应该加强对声景学的认识，并且加大对声景学的重视程度和宣传力度。另外，政府部门也要加大资金投入，对现代园林景观规划人员进行定期地培训，鼓励他们学习新的技术和新的观念。政府部门可以将密植植物墙、隔音板、墙或吸音海绵等设施设置到现代园林景观中，从而为声景学在现代园林景观的应用打下坚实的基础。

（二）制定科学的评价标准和规范体系

政府相关部门和现代园林主管部门应该对声景学的应用方式进行研究，并且鼓励现代园林景观规划人员积极创新，然后根据实际状况和现代园林景观的发展趋势，制定和完善科学的声音应用规范，从而帮助现代园林景观规划人员更好地完成工作。目前，我国对声景学的应用还不够广泛，但是政府相关部门和现代园林主管部门制定出科学的评价标准和规范体系之后，就可以解决人工声音和自然声音难以均衡的困境，从而提升我国的现代园林景观规划水平。

（三）现代园林景观规划师要加强基础调研工作

在现代园林景观规划过程中，规划人员不仅需要考虑环境和场地的关系、植物的配置、艺术效果的渗透等，而且还要遵循因地制宜的原则，否则将无法满足当地人们的生活需要。为了使现代园林景观更好的为人们服务，现代园林景观规划人员必须加强基础调研，深入了解不同地区的文化传统和人文风俗，然后根据调研的结果选择合适的声音类型。在现代园林景观规划过程中，规划师必须要根据当地的文化传统设计出几套不同的方案，然后让当地的代表选择出一套比较科学合理的方案，从而提升现代园林景观规划的合理性。

综上所述，现代园林景观是城市的重要组成部分，它可以丰富人们的精神文化生活，因此提升现代园林景观规划设计水平是必然的趋势。风景是现代园林景观中必不可少的一部分，由于受政府的重视程度不够高、缺乏科学的评价标准和规范体系等因素的影响，风景学在现代园林景观中的应用受到了严重的制约。为了提升现代园林景观规划设计的水平，政府相关部门和现代园林主管部门应该加大对风景学的重视程度，深入了解风景学的应用特点，并且制定和完善相关的评价标准和规范体系，从而为风景学在现代园林景观规划中的应用提供扎实的依据。

第四节　生态理念与现代园林景观规划

保护自然生态系统、创造可持续发展的人类生存环境，已成为21世纪景观的首要任务。受此影响的生态学景观规划思想当是未来景观设计的主导思想。本节分析了现代园林景观规划中的生态理念及规划现状，并从自然元素与人工元素两方面探讨了生态理念在现代园林景观规划中的应用。

一、现代园林景观规划中的生态理念

20世纪60年代以来，为保护人类赖以生存的环境，欧美一些发达国家的学者，将生态环境科学引入城市科学，从宏观上改变人类环境，体现人与自然的最大和谐。生态现代园林正是被看作改善城市生态系统的重要手段之一，所以说现代城市现代园林景观规划设计应以生态学的原理为依据，达到融游赏于良好的生态环境之中的目的。

关于生态，有几点须要进一步论述。生态学的本意，是要求景致现代园林师要更多地懂得生物，认识到所有生物互相依附的生存方法，将各个生物的生存环境彼此衔接在一起。这实际上请求我们具有整体的意识，谨严地看待生物、环境，反对孤立的、盲目整治行动。不能把生态理念简略地理解为大批种树、进步绿量。此外，生态学原理请求我们尊敬自然，以自然为师，研讨自然的演化规律；要顺应自然，减少盲目人工改革环境，减低现代园林景观的养护管理成本；要依据区域的自然环境特色，营建现代园林景观类型，避免对原有环境的彻底损坏；要尊敬场地中的其他生物的需求；要维护和应用好自然资源，减少能源耗费等等。因此，荒地、原野、废墟、渗水、再生、节能、野生植物、废物应用等等，构成现代园林景观生态设计理念中的症结词汇。

二、现代园林景观设计中存在的问题分析

在城市现代园林建设中，现代园林绿化建设存在着注重视觉形象而忽略节约理念和环境效益的现象。水景泛滥、填湖造园、反季节栽植和逆境栽植、大树进城、大草坪的建造、

豪华高档装饰材料的过度应用、高价点亮城市夜景、大面积硬质铺装等建设活动，不仅造成宝贵资源的严重浪费，而且耗费巨资带来的是当地景观特色的严重丧失。

（一）水景设计

首先人造水景，如喷泉、瀑布、人工湖等，一般独立于城市的天然水系，依靠城市自来水系统维持，每年需消耗大量的水资源，利用后的水也多直接排于下水道，而没有用于绿地浇灌或是补充到城市水系。再者，现代水景常设计成弯弯曲曲的浅水沟渠，水底和驳岸采用硬质铺装，水生植物难以生长，植物对水体的净化功能无法发挥，致使水质保持难度明显增加，为了保持景观效果就必须经常换水。

（二）高能耗灯具

强力探照灯、大功率泛光灯等高亮度、高能耗灯具常被用作造景灯具，道路和广场上的路灯和景观灯排列密集，每当夜幕降临便出现“火树银花不夜天”的景象，很多城市照明严重超标，能源浪费和光污染严重。

（三）植物配置不科学

在许多绿地的设计建造中，为取得短时见效的效果，将绿化苗木随意搭配种植在一起，而不注重植物景观层次、乔灌草配置比例、季相变化和长期的景观效果等因素，这样不科学的植物配置不但不能收到良好的景观效果和生态效应，反而消耗了大量的养护资金，浪费问题已经非常明显。

三、生态理念在现代园林景观规划中的应用

（一）自然元素规划

搞好植物配置，提高单位绿地面积的绿量。绿化植物的选配，实际上取决于生态位的配置，它直接关系到绿地系统景观价值的高低和生态与环保功能的发挥。在同面积的绿地中，灌丛的单位面积绿量或叶面积指数和生态效益比草坪高，乔、灌地被植物结合的又比灌丛的高。在高速公路绿化建设中，应充分考虑植物的生态位特征，从空间、时间和营养生态位上的差异来合理选配植物种类，既不重叠，也尽量不空白，以避免种间直接竞争，提高叶面积绿量，从而形成一个结构合理、功能健全、种群稳定的复层群落结构，有利于种间互相补充，既充分利用植物资源，又能形成优美的景观。

（二）人工元素规划

所谓人工元素是指现代园林中的各类建筑物和构筑物。园艺小品，一座小桥、一片旱池、一堆桌椅、一座小亭、一处花架、一个花盆都可成为现代园艺中绝妙的配景；雕塑小品，有石雕、钢雕、铜雕、木雕，设计时要同周围小环境和城市公共现代园林风格主题相协调；设施小品，要求美观实用，比如灯有路灯、广场灯、草坪灯、建筑轮廓灯等，还有指示牌、垃圾桶、公告栏、电话亭、自行车棚等公共设施。

1. 现代园林灯具应用

（1）发掘园灯应用潜力。在满足园灯基本功能的前提下，尽量发掘其应有潜力，丰富园灯造型，强化功能，使现代园林灯具不再是造价昂贵、功能简单的“灯”。

（2）合理搭配，正确选择灯具。营造一个良好的灯光环境需要景观设计师和灯光设计师双方面进行沟通和协商，要达到的效果和可以达到的效果不能分开而论，两者密切联系、缺一不可。而正确的选择灯具则是让理想的效果可以保持一个稳定状态。具体可以根据使用环境的情况参照 IP 等级。

（3）避免光污染。避免光污染主要从灯具的位置和数量着手。例如在道路旁，最好是选择使用折射照明方式或者散射照明方式的灯具；而在游人较多的区域就要特别注意各种灯具的摆放位置，避免灯光的直射，尤其要注意控制强光照的灯具的数量。

2. 借助科技，选择高技术的景观设计

科学的发展推动了技术的进步，利用高科技技术和材料减少对不可再生资源的利用已成为当今生态设计的重要手段之一。巴黎的阿拉伯世界研究所中心截获太阳能和躲避太阳光为目的的镜头快门式窗户是高技术和现代形式结合的体现，不管现在看来它的设计是否成功，它所体现的设计理念都表现了人们对自然能源的一种关注。Bodo Rasch 为沙特阿拉伯麦加某清真寺广场设计的遮阳棚是由太阳能电池控制其开合的，伞的机械用电可由太阳能电池自行解决。以最大限度应用自然能源为导向，以德国为代表的世界各国的研发机构开发出了多种用于建筑和景观的太阳能设备，例如德国研发的航空真空管太阳能收集器、高效太阳能电池、隔热透明玻璃等。目前，我国已有建成的公园采用太阳能灯具，如上海炮台湾湿地森林公园。

第五节　居住小区的现代园林景观规划

随着时代的发展，景观规划和景观设计越来越与人、文化、自然和谐相处。但是，有些设计师片面追求效率，不关注设计项目的文化内涵。他们只关注形式，或者只是模仿具有文化意义的符号。现在人们更关注居住环境的舒适与美观，因此，景观规划显得尤为重要。

一、居住小区景观规划的优化目标

经济发展要求人们逐渐形成社区精神意识，关注个人从大家庭回归小家庭，并要重建社区精神。居住区景观在良好社区中的作用不容忽视，多种因素的和谐共生是现代社区居住景观建设的关键。和谐涵盖了人与自然的和谐、居住区外部环境的和谐、不同年龄段居民和收入水平的和谐。社区的居住景观是人类智慧和技能的结晶，以及其建筑风格，景观布局等的映射。时代的经济、技术和文化水平也反映了社区居民的社会关系。为改善当地社区生态环境，不要破坏现有的良好生态环境，营造适宜的居住景观，促进人工环境与自然环境的协调发展，是居住社区景观的生态目标。充分利用空间资源，降低建设成本和相关管理成本，实现资源回收再利用的初衷，建设节约型住宅社区。

二、居住小区现代园林景观规划的影响因素

不同的城市在地理位置、气候和地貌特征上存在差异。住宅现代园林景观的规划应结合每个城市所处的独特地理环境。区域环境应作为社区景观建设的起点，整体景观要以有利的地形和景观为基础，布局是合理规划的。不同城市的不同发展过程导致了他们自己独特的人文和历史的形成。如果我们将社区住宅景观建设与深厚的文化传统相结合，这种独特的文化可以继承和发展。另外，在社区现代园林建设中，应该适当考虑和维护各民族的风俗习惯，以提高住宅现代园林景观的价值。

三、居住小区现代园林景观规划的原则

以人为本的原则。住宅建筑的现代目的不仅是居民娱乐。要求遵循以人为本的原则和将花园应用于生活的原则。它不应该像所谓的“欧洲风格”一样盲目追求外国模式。应该根据实际情况，根据当地的特点，景观的实际情况，充分体现了人的本质。

适应当地条件的原则。住宅景观规划充分利用社区原有的地形，根据社区面积选择适合开发和管理的绿色植物，减少社区现代园林建设不必要的资金投入。施工成本也应该降低。在设计的早期阶段，根据该地区的综合文化来决定花园中的植物，必须考虑节能和美观。例如：欧洲住宅小区需要选择梧桐，雪松等欧洲风格。树木的选择需要根据当地的气候条件进行调整，并结合树木和树木的特点和颜色的变化来构建各种绿地。同时，社区不应该砍伐树木，以免影响人们的居住和儿童的安全。花卉和植物可以以各种组合方式使用，创造一个美丽而舒适的风景，打破住宅建筑的单调。

创新原则。中国数千年来拥有深厚的文化底蕴。哲学思想的整体概念“人与自然融为一体”，把人与建筑、自然环境视为完整的生物。在继承传统文化概念的同时，我们必须继续创新，打造一个更有特色的，不同效果的景观。

作为设计师，我们需要在住宅区规划中进行创新，获得大量的灵感，并灵活地获取和应用它。在创新设计和景观规划理念下，景观不仅反映风格和特点，还营造一种文化氛围。因为生活习惯和文化是紧密相连的。

四、住宅小区现代园林景观规划的创新

住宅区和辅助设施。居住区，要考虑生态环境的交通条件、日照时间，根据本地区的地域特性制定计划。居住区的交通网络，不仅要满足道路系统是一个主题景观，还要使人在环境中感觉舒适。同时为了改善居民的舒适生活，住宅花园的景观设计尽可能采用分层

设计的方式。例如，社区的主要道路采用迂回路线而不是常规的网格模式来改变居民的道路景观。这应该是减少汽车污染，改善人们步行时的休闲方式的主要方式。景观的空间层面表征了房屋的特征，并有助于提升身份和自豪感。因此，通往景观的道路是“惊人的，应该进入人们的思维”。良好的跨部门组织和清晰的道路体系是反映生活环境质量的重要因素。

社区景观设计的一个重要元素是水景设计。人们常说山上有水。因此，为了实现规模化，在社区设计中建立大面积的水域是不可或缺的。例如，户外社区级别的花园有供水。在社区的水景设计中，需要融合各种设计方法，在现代社区水域，我们结合水，喷泉，海堤等形式，形成浪漫而合理的组合。但是，无论采用哪种设计方法，我们都必须实现人性化设计。

依靠科学和文化来塑造社区景观的特点。基于对现代景观设计理念，从科学的角度出发，为了进一步强调人们在生活社区景观设计中的作用，避免急功近利以及艺术景观设计的盲目，我们必须依靠设计的科学文化做指导。在景观规划设计过程中，我们需要满足人们与自然融合的迫切要求，引导人们回归自然。同时，我们也要注意当地的文化和自然的历史。为了造福人类的生存空间，他们设计理念应具有科学和地域的特点，并且应该以现代和当代的东西为基础。

从生活的角度来设计。住房规划和设计灵感需要受到启发和推动，生活是设计师创造力的无限源泉。因为它在社会和时间上不断变化。设计师，应该把传统设计与现代变革的设计理念相结合，了解来自社会各方面的文化元素，使景观设计展现人与文化的有效融合。

第六节　GIS 技术与现代园林景观规划

随着建筑及城市设计的数字化热潮，关于现代风景园林的数字化应用也越来越多地出现，并展现出其在现代园林应用中的价值。

3S 技术是遥感技术（RS）、地理信息系统（GIS）和全球定位系统（GPS）3 种技术的统称的出现与应用，使现代园林所涉及的专业外延更广、地理范畴更大，分析方法更数据化、科学化、专业化。通过对遥感技术采集的城市绿地覆盖信息等影像数据，全球定位系统的数据收集，可以省去大量繁杂艰辛且准确率不高的野外调查工作。

地理信息系统，简称 GIS，英文全称为（Geographic Information System）或（Geo－Information system）。是用于收集、存储、提取、转换和显示空间数据的计算机工具。简而言之，GIS 是地理空间数据综合处理和分析的技术系统。

一、GIS 在现代风景园林规划设计中的影响

地理信息系统 GIS 在国内景观规划中的应用，主要体现在微机硬件的发展及其许多附属功能上。各个地区的景观评估程度也可以通过 GIS、RS 和 GPS 收集的各个领域的信息进行提取和分析，GIS 技术系统会自动产生相应的评估结果。该方法可广泛应用于公共绿地，旅游景点等景观规划设计等。

二、现代风景园林学科中 GIS 的应用

（一）分析场地的地形

GIS 分析中常用的技术是地形分析，包括海拔、坡度坡向、水文等方面分析。同时，对于地形控制基地技术、水系统规划、排水分析、施工条件适宜性分析均具有较强的指导意义。

（二）分析场地的适宜性

这项技术主要是通过使用 GIS，通过对地形、水土、植被、施工等因素进行分析评估，采用地图叠加法对结果进行综合分析。相较于之前的定性分析和简单叠加各种因素的方法更加理性和客观。

（三）分析场地的交通网络

GIS 可通过构建网络数据集，导入现状要素（道路铁路、高架桥梁等）和点状要素（出入口、停靠点、交汇点），从而为基地道路交通规划及服务设施规划提供明确的指引。

（四）构建场地的三维景观

GIS 三维景观主要用于三维场景的模拟，也可用于模拟现状和规划地形。通过 ArcGIS 3D 场景模拟功能，可以在数字环境中直观体验地形和场地氛围。

（五）分析场地的视域

景观分析主要用于道路景观知名度和景观节点位置等景观规划。使用 ArcGIS，可以分析景观的可视性，用于景观路线的优化，设计师也可以分析景观范围和景观视觉情况的各种区域。

三、GIS 的特点

（一）优势

首先，GIS 具有较强的实用性和综合性，利用 GIS 技术进行景观规划，有利于将分散的数据和图像数据集成并存储在一起，利用其强大的制作功能与地图显示，将数据信息地理化，从而形成可视化的形态模拟，方便景观设计师规划与设计。其次，GIS 可以将各种

空间数据和相关属性数据通过计算机进行有效链接，提高景观数据质量，大大提高数据访问速度和分析能力。同时，也为长期存储和更新空间数据和相关信息提供有效的工具。再者，运用 GIS 技术建立不同类型的数据信息库，可以将空间数据和属性数据，原始数据和新数据合理标准化，提供科学依据的同时，有利于大数据资的资源共享。

（二）存在的问题

目前，GIS 尚处在普及阶段，一些 GIS 的开发虽然已经结项，但其中大部分系统的数据都没有对外公布。由于技术上的问题，有些 GIS 系统未能达到最初设计时的目的，其数据结构的设定只能为某些特定问题的研究提供相应的服务。其次，GIS 数据存在安全隐患。从长远来看，信息社会是发展的一个主要趋势，开放的基础地理信息有利于为人们提供分析和研究的需要，面对不安全因素，不应坐以待毙，相反，应该加强自己的防守能力。但总的来说，GIS 技术的安全问题，我们还需要很长的时间去改进和加强。

如今，我国对于 3S 等新技术许多强大功能的应用，始终徘徊在应用程序的门槛之外。产生这样的原因除了现代风景园林涉及范围广、涵盖学科复杂外，各个领域参与不足，未能形成技术和发展的整体应用也是重要原因之一。由于现代信息技术在景观建筑的许多方面仍处于探索阶段，如何抓住这个机会，将其融入行业内的各个领域，是景观设计师的重要任务，因此，GIS 技术在现代风景园林中的应用任重道远。

第七节　BIM 技术与现代园林景观规划

随着 BIM 技术在建筑领域方面的应用越来越普遍，现代园林行业也在业内慢慢推广尝试应用 BIM 技术。但是，现代园林行业面临着多种难题，包括项目规模、现代园林业主与施工方的需求以及整体项目的综合效益评估等等。在设计与施工阶段，对 BIM 的需求日益增加，在现代园林设计施工应用 BIM 的方面越来越多，包括场地设计、现代园林景观小品、现代园林建筑设计、项目结构整体布局等。应用 BIM 技术，可以使现代园林行业从设计到施工过程中实现二维图纸与三维信息模型的灵活转化与应用。

现代园林景观项目涉及的元素种类众多，地形起伏波动大，景观小品搭配丰富，植被花草颜色各异，在统筹多种元素方面会浪费了大量人力物力，那么将 BIM 技术应用到现代园林景观布置方面便能解决这个问题。BIM 技术在现代园林景观布置方案上的应用，属于一个创新。它通过创立三维数字化模型，不仅能在现代园林景观项目地形设计上给出解决方案，又能在园区植被选取与景区规划当中得到最佳效果，同时还可以在虚拟现实 (VR) 中给人更为直观的视觉、听觉冲击体验等。下文将结合实际项目对 BIM 技术在现代园林景观布置方案上的应用做详细解读。

一、BIM 技术在现代园林景观规划中的应用

（一）BIM 技术在地形设计中的应用

地形可谓是整个现代园林景观工程的根基与骨架，地形的起伏大小、地形的平整度等等都综合影响整个工程的效果，在设计地形过程中，要综合考虑多方面内容，包括现代园林整体的景观效果、绿化面积、植物种植范围、园区小品安放以及园区道路等，在有限的面积内创造更多的效益。通过引入 BIM 技术，能过帮助设计人员简单轻松地进行地形设计，利用 BIM 软件利用等高线创建地形的功能，能够快速生成设计人员想要的地形模型，更为直观的展现在设计人员眼前，如果生成的地形不满意或是不能够满足施工方面的需求，可以通过地形修改相关功能，在原有模型上进行多次修改，修改后的模型能够迅速反应相关参数变化，方便设计人员记录。当然在地形创建完成后，还可以创建公园园区道路，利用 BIM 软件路线 3 d 漫游功能，及时观看道路两侧坡度是否满足设计要求与施工要求，还可以控制园区道路自身坡度，也就是纵断面形式，是否影响人们在园区散步的舒适度，进而使整个园区的设计更为人性化与舒适化。

（二）BIM 技术在景观规划中的应用

现代园林景观规划需要综合考虑多方面因素，包括人为因素与环境因素。主要涉及园区道路导向性、植被布局合理性、街道景观优化性、排水效率突出性等等。通过引进 BIM 技术后，创建地形模型即为设计初始阶段，之后要进行现代园林规划的关键阶段，在地形模型之后便是创建道路路线、安放园区建筑小品、排布园区植被、模拟漫游等，在进行每一步操作过程中，均能实现三维立体化显示。

在创建道路路线过程中，可依据路线导向设计方案，并综合分析地形起伏状态，三维模拟路人游览园区路线，分析路线设计是否合理，导向性是否明显，还可以在模拟同时，评估路线坡度起伏程度是否适宜，道路弯曲形式是否合理，消除游人路线疲劳程度，当然在道路材质铺贴图案布置上是否美观，舒适等。另一方面可以对现代园林景观内音场进行模拟分析并布置安放，音乐播放效果模拟，可控制音乐播放声音，达到适宜人群的舒适分贝。

在放置园区建筑小品过程中，可根据地形起伏情况，在设计放置地点进行阳关照射分析，根据当地地理环境因素，通过 BIM 软件设置太阳轨迹，综合分析并模拟阳光高度对房屋建筑的光能影响，设置合理的房屋朝向。结合园区道路设计方案，并模拟人口密集地带，公园小品放置数量可有效控制，避免浪费。

在对园区植物排布过程中，通过 BIM 软件模拟天气功能，综合分析太阳光照、阴影遮罩、雨水等，科学分析园区植被栽种种类与种植区域，还可根据植物胸径、蓬径进行局部性排布，使布局、植物间距更为合理。同时还可以对园区四季风力以及风向进行模拟，

可得出在不同风力模式下，植物抗风能力，对于无法达到要求的树种，可适当增加植物胸径以满足要求。BIM 软件本身自带植物四季变化效果，通过模拟四季变化，能够模拟建成后园区景观四季变化效果，可为植物增添换种提前做准备，可调整常青、落叶、灌木等。

在所有植物放置完成后，整个园区基本完成，可进行提交可视化交底文件模型，通过模拟漫游功能，对整个园区景观进行漫游，分析植物管径是否合理，在主要观景建筑内，更能对视域进行分析，对于较大遮挡物体，可及时更换，避免了工程的返工，降低施工成本。

（三）BIM 技术在工程中的应用

一是在施工图图纸中的应用。在以往施工过程中，一直都是二维 CAD 图纸，避免不了会出现错误，二维图纸考验设计人员的三维想象能力，还有设计施工经验等，需要综合考虑地下管网、园区道路、园区建筑以及喷洒系统等，在引入 BIM 技术后，通过 BIM 技术 1 ∶ 1 建模，在三维环境下进行整个项目的各个构件在指定位置安放，排除由于坐标不精确而造成的返工问题，同时还能够在设计建模过程中进行预先排布安放，从而解决由于只是概念设计，未考虑实际构件尺寸而无法顺利施工的问题，可大大降低图纸中出现的问题。

二是在人员之间沟通中的应用。首先是在设计方面人员沟通上，以往在现代园林景观项目上，一个人统筹管理多个人，由于项目繁杂所需人数较多，故管理起来不方便，引入 BIM 技术后，通过三维模型样例进行管理，极大节省了沟通时间，提高工作效率。其次就是项目施工技术人员，以往的现代园林景观布置技术交底往往凭借手绘图纸进行讲解传递，通过引进 BIM 技术后，不仅能够通过三维模型传递外，还能构建项目整体三维规划布局，使得技术人员无需多级传递，同样节省大量时间，并通过模型定位坐标，减低施工测量人员工作量，提高整体项目施工效率。

三是在现代园林工程项目初期场地设计方面的应用。在最初进场初期，对整个工程项目进行初测，得到高程信息，利用 BIM 技术，可以快速生成该地区原始地形，通过与设计地形的比对分析，能够迅速反映出填挖方量，并计算得出土方量，进而提高生产效率。

（四）虚拟现实 (VR) 技术的应用

虚拟现实 (VR) 技术以沉浸式体验为主，交互性能极强，对于现代园林景观工程这么注重绿化来说效果更为突出，BIM 技术结合 VR 技术，应用到现代园林景观设计规划中，在对所有模型拼装整理完成后，拍摄并录制可用于 VR 格式的视频，然后导入到 VR 设备中，通过观看视频过后，能够让设计人员对整个园区的效果进行深度理解，通过与业主方进行可视化交互后，能够对不满意的地方及时进行方案更换，这样可大大减低施工成本，提高生产效率。

（五）无人机技术的应用

无人机技术近年来火速发展，不仅因为其操作方便，更因为它能够通过简单的操作便能了解飞行区域的地理信息与工程量信息。无人机技术结合 BIM 技术，可对现代园林景观工程进行阶段性测评，使施工管理人员更为直接的了解现场施工情况，同时利用 BIM+无人机进行实景建模，不仅能记录每天场地施工进度，更能对现场土石方量进行监控，使管理更高效化。

BIM 技术作为辅助管理工具，能够为项目节省施工成本，提高施工效率，使项目管理更为轻松，同时能够使现代园林景观工程设计施工方案进行优化，更能提供多方案支持，在这个涉及多领域的庞大工程中，BIM 技术起着重要的作用，随着社会和时代的发展，相信 BIM 技术更能造福更加广阔的领域。

第五章　现代风景园林的设计

第一节　现代风景园林设计发展

针对现代风景园林的设计发展，结合当前设计现状，做了简单的论述，展望了其未来发展趋势，同时提出了推动设计发展的策略。经过研究总结现代风景园林的设计发展趋势如下：①以自然为主体；②以生态为核心；③以地域为特征；④以场地为基础；⑤以空间为骨架；⑥以简约为手法。现结合具体研究，进行如下分析。

从城市建设实际来说，现代风景园林发挥着重要的作用，能够保护生态环境和资源；推动城市化发展进程；能够塑造城市形象；加大对城市生物多样性的保护等。基于绿化要求不断提升的背景，现代风景园林的设计发展，朝着更加生态和自然的方向前进，未来能够为人们提供更好的生活空间。

一、现代风景园林设计存在的问题

从现代风景园林的设计发展现状来说，其主要存在着以下问题：①缺乏开拓和创新。目前来说，现代风景园林受到西方文化的影响较大，加之国人对西方文化过于追捧，使得很多现代园林设计过度模仿西方现代园林，缺少中国特色和新意。除此之外，对传统现代园林设计理念和手法等，注重继承忽略了创新。②过于追利和奢侈。建设风景观林，目的是改善城市环境；提高城市审美；为建设者创造利润。不过很多现代园林的建设，过于追究标新立异，在建设的过程中，投入了很多高档次的材料以及植物等，形成了奢侈之风，违背了现代园林建设的初衷。③忽略了人文和地域性。从当前现代风景园林的实际来说，在设计方面缺少地域性和人文文化的调查与应用，现代园林设计存在着过于雷同的问题，设计突兀性很强，设计不合理，增加了维护成本。除此之外，人文文化的应用不足，现代园林缺少人文精神，不具有地方代表性，阻碍着现代园林的持续化发展。

二、现代风景园林的设计未来发展趋势

以自然为主体。目前来说，人们对环境的保护意识不断增强，带动着现代园林设计理念的转变。早期的设计，主要是从自然界中提取原材料，结合设计要求和需求，改造自然

环境。现在逐渐发生转变，将“人”看作是自然的组成部分，将人类的生存环境作为设计的主体，减少对环境的改造，充分利用环境的优势，比如地形优势，以及现代园林和周围环境存在的结构关系，坚持因势利导的原则，开展现代风景园林的设计。依托现有的自然资源，适当的增加相应元素，进行天然装饰。在设计方案中，全面贯彻环境保护的理念，避免造成环境破坏。

以生态为核心。从自然环境的形成来说，经历了数十上百年，其土壤和植被等已经形成了相应的生态环境，环境中的各个生态元素已经成为系统，具有复杂性和稳定性，设计现代风景园林时，若肆意改造环境，则会破坏生态系统，情况严重时，可能会引发原有景物的排斥，付出很大的生态代价。基于此，现代风景园林设计，要坚持以生态保护为核心的原则，做好生态环境的保护，减少对其的破坏，优化现代园林设计方案。

以地域为特性。每个地域都具有独特性，其地形特征以及民风民俗等都存在着差异。现代风景园林设计实践，充分利用民俗特色，将其充分融入现代园林设计方案中，能够增强本地域人们的文化认同感，同时突出现代园林的特色，给人新颖的感觉，进而吸引更多的游客。基于此，现代风景园林设计，要合理选择现代园林的建设位置，结合地形特点开展设计，同时结合人文特征，促使自然景观与人文元素相互融合，增强现代园林整体的文化内涵。

以场地为基础。现代风景园林的设计，逐渐朝向以场地为基础的方向发展。在开展设计前，设计人员需要做好现代园林建设现场的勘察，了解建设地点的地势地貌情况，同时掌握周围的环境特点，保证现代园林整体设计风格能够和周围的环境相互协调，结合场地的基本特点，做好现代园林的合理规划。在选择现代园林植物以及花卉时，其形状和颜色要做好把控，要突出主题但不能和周围的主色调相悖，给人突兀感，进而产生视觉冲突。在设计时运用借景手法和隐喻手法等，保证现代园林和周围景观能够相互联系，做好视域空间的把控，将其纳入到设计范围，促使现代园林和地域性景观能够相互融合，促使各个空间相互渗透，形成有机整体。

以空间为骨架。设计的现代风景园林，其为整体空间，内部构建的小景观都是独立的小空间，各个小空间之间存在着紧密的联系。联系的构成是以现代园林内部共同的风格主线连接，使得各个空间能够相互关联，同时具有特色。通常来说，景观空间具有较强的扩展能力，以地平线为主要边界，构建空间联合体，随着游客的深入，现代园林空间产生运动变化，即步移景换。在进行设计时，设计人员要做好合理运用空间切换手法，保证空间变化的平稳性，实现平稳过渡，构成整体景观。

三、现代风景园林的设计发展策略

从当前现代风景园林设计存在的问题，以及其未来发展的趋势，提出推动现代风景园林设计发展的策略，做如下论述：

加强创新和环保的融合。目前来说，社会不断增速发展，人口数量不断增加，各类建筑被大规模建设，绿化面积持续缩减。若想满足人们的生态需求，必须要充分利用有效的绿化面积，营造良好的生态环境，给人创造舒适温馨的环境。这需要在现代风景园林设计中，积极融入环保理念。在开展现代风景园林设计时，坚持“树木成群”以及“花草成片”的原则，增强原始森林环境的气息。除此之外，要做好花草树木明暗度的把控，合理搭配其形态，获得视觉上的良好效果。除此之外，为增加现代风景园林的寿命，必须要注重设计的创新。现代风景园林的设计，其不同于传统现代园林，尤其是在表现形式以及功能作用等方面，更加具有创新性。基于国人的审美观，花草树木除了要具有形态美和颜色美，还要蕴含意境。这需要在现代风景园林设计时，贯彻“天人合一”的理念，进行创新设计，设计现代的城市景观。

继承和创新传统文化。从发展的角度来说，当前的社会环境中多元化理念不断发展，为了顺应时代发展潮流，迎合国际文化的同时，必须要注重传统文化的继承和创新应用，提升中国文化的国际地位。在现代风景园林的设计中，合理融入外来文化，积极融合和应用传统文化元素，做到继承和创新的有机融合，充分融入历史元素，增强现代园林景观的特色，同时彰显传统文化的特色，进而推动现代风景园林持续发展。

注重人文性和地域性的把控。在进行现代风景园林设计时，主要是再现地域特征，不仅要体现地域特色，还有必要呈现人文情怀。构建人文景观，能够给游客带来不同的感受，使其通过感受形象美和意境美，认同旅游地的文化，增强喜爱之情。除了坚持以人为本的设计原则外，还要做好地域性的把控，彰显现代园林的特色，增强现代园林的生命力。从植物和花卉以及建筑材料等的选择方面，做好地域性原则的把控，优先使用本土植物和材料等，增强现代风景园林设计的效果。

综上所述，现代风景园林设计的发展，将会更加注重自然和生态保护。从当前现代风景园林设计实际来说，还存在着诸多问题，在具体实践中，要加强创新和环保的融合；继承和创新传统文化；注重人文性和地域性的把控。依托自然资源优势，融合本地区传统文化，创造具有吸引力的景观，为群众提供休息游玩之地的同时，带动区域经济发展。

第二节　现代风景园林设计中的结构主义

通过结合结构主义和现代风景园林设计，能够展现出不同的现代园林景观，同时也可以提升人们的审美观念。简述了现代风景园林设计与结构主义的含义，从元素上的搭配、意境创设、文学渗透、结构风格等方面，探讨了结构主义的表现并分析了在现代风景园林设计中结构主义的发展趋势，希望为相关人士提供参考。

当前人们对于建筑功能与审美的要求也在逐渐提升，传统的现代风景园林设计已经难以满足现代风景园林的发展需求。为了满足人们的欣赏需求，设计师将结构主义设计理念引入到了现代园林设计中，这样也就形成了独特的结构化体系。

一、现代风景园林设计与结构主义

现代风景园林。首先，从内涵上来说，现代风景园林设计是建立在自然科学与人文艺术基础上的，其重点就是要协调好人与自然之间的关系，通过分析土地与外围生存环境中存在的问题，找出有效的解决方案，确保监管规划设计能够落实到实际中去，实现对景观的保护与管理。从现代园林规划设计与建造上来说，要从历史文明传承的角度上出发，改善人们的生活环境，找出最佳的人生体验，实现发展的目标。其次，从现代园林设计上来说，通过开展现代园林景观设计，就是要借助自然因素与社会因素，为人类营造出良好的生态环境。进行现代风景园林规划与设计不仅可以展现出不同地域在环境上的特点，而且也可以反映出人类的生活特点。在不同的国家与地区中，自然因素与社会因素之间存在着一定的差异，这样也就形成了独特的风格，尤其是对于现代风景园林上的表现来说，也展现出了不同的风格。因此，进行现代风景园林规划不仅可以展现出地方的文化思想与体系，同时也可以展现出社会需求与经济环境等。只有真正做好设计指导工作，才能展现出现代风景园林的特殊性。最后，从分类上来说，进行现代风景园林设计主要包含了规划与设计两种，对于规划的重点来说，就是要在全局范围内进行构思，设计作为规划基础上所实施的方案，虽然在现代风景园林设计上主要包含了不同的层次，但是并不是所有的设计都需要通过这些阶段的。

结构主义。首先，从设计背景上来说，借助语言记号学的阐述，为结构主义的开展构造出了完善的理论框架，一般来说，记号主要包含了声音与思维。通过使用记号来对信息进行传达，能够表现出文化的层次。人们通过使用记号，也可以实现自身对社会的认识，在表达的基础上来传递出信息。其次，从含义与特征来说，就是借助符号来对物象本身与文化表示的。通过将设计物体作为材质，使得所设计出来的东西也就包含了传统的含义，并按照相互之间的关系来实现有机融合。从结构主义设计上来说，也可以将不同的文化与历史实施进行转化。从结构主义设计上来说，通过引用符号，能够赋予文化更为广泛的含义，加之设计物体自身也能够展现出一定的内涵，所以设计的具体内容也就可以实现对结构的分解。所以从这一层面来说，结构主义的特点就是在结构设计中不同的元素有着不同的象征意义，其中也蕴含了极为深厚的意义与内涵。通过实现结构主义设计，以此来强调元素的组合，同时创造出相应的意境，实现文化的传达。

二、结构主义的表现

元素上的搭配。现代园林设计的方法往往展现在了现代园林的整体布局上，尤其是对于水面的处理以及山石等的设置上。中型现代园林景观在布局上主要展现出了多元化的主题，在水处理上也是比较广泛的，而在小型现代园林景观设计中，水面处理主要以聚为主。

聚能够展现出水面的宽泛化，让人们产生出游玩的兴趣。作为现代园林中的整体布局重点，如果没有水的参与，那么也就使得现代园林表现出了过于死板的问题。对山石的创作其实就是对自然的一种认知与效仿，同时也是现代园林景观中所追求的意境。从布局手法上来说，在现代园林景观中比较注重不同元素之间的搭配与组合。在研究中可以看出，现代园林布局设计几乎没有单独元素成景的，即便是元素之间组合，也不是单独的组合，而是比较复杂的，这样也就实现了对结构主义设计理念的运用。通过不同元素之间的组合，能够设计出不同的景观特点。

做好意境创设工作。在现代风景园林设计中，花、草、树、木等都是设计中的重点元素，且这些元素往往是通过对自然挖掘出来的，直至今天依然有着较大的影响力。借助其独有的形式与现代园林建筑，能够为人们营造出充满神秘感的意境，如内廊、流水、小桥等都是极具内涵与想象意境的。在自然界中，山水展现出了柔美的线条，而这也就成了现代园林设计中的重点。通过曲折的长廊与小路等，能够提升景观中的自然感，同时也增强了意境。其次，在山石与湖泊等的组合下，也可以带给人们意犹未尽的感受，随着各个景观的不断出现，能够为人们营造出新的意境，这样也就实现了结构主义设计理念的有效运用目标。

文学渗透。在结构主义设计中，比较注重不同文化与历史因素的引入，通过将其融入设计领域中，能够提高景观设计的效果。可以说我国的古典文化与今天的现代园林建设之间有着极为密切的联系，不论是诗词歌赋还是书法绘画，都能够促进现代园林景观设计的发展。只有提升现代园林建设的质量，才能吸引人们的目光。所以说现代园林设计能够展现出建筑中的韵味，同时也可以实现满足人们心灵发展的目标。通过将文学、诗歌以及绘画等的意境融入现代园林设计中，也可以赋予现代园林景观全新的韵味。

结构风格。对于中国式现代园林的布局来说，可以用巧夺天工来进行概括，不论是树木的安排还是花草的布置，都是通过科学合理设计而成的，在人工雕琢的基础上，通过巧妙的安排，能够展现出自然之道。在建筑的参与性面，也可以实现对水的规划，将其规划成了不同的景观，不论是倒影还是水波等都是相互影响的，不仅是融入人文中的，同时也是我国传统的一种含蓄表达。在现代园林景观中，不仅包含了浓厚的诗意，同时也包含了丰富的情致。借助山水之间的灵动与艺术的展现，能够展现出丰富的哲理与意境，而这也就成了我国现代园林景观中的重点。从布局上来说，在山石与水榭的配合下，形成了景观上的组合，展现出了整体与局部上的多种观赏效果，尤其是在美学观念设计的影响下，也可将人带入到情境中，让人们领悟出其中的思想。

三、在现代风景园林设计中结构主义的发展趋势

随着现代园林景观的不断结合，结构主义设计理念也得到了广泛的运用，通过从现代园林设计上入手，在强调时代符号的基础上来实现设计的目标，保证现代风景园林设计中

现代化与时代化发展。就今天的现代园林设计来说，主要是通过人性化与多元化设计来展示的，而在当前的现代园林设计中则要综合引入人性化的发展元素，确保人们能够感受到其中的韵味与美感，在满足休憩与观赏的基础上来发挥出人性化设计的优势。所以说，在现代风景园林设计中要主动借鉴成功的经验，积极运用多元化的设计理念，保证技术与材料上的合理性，在提升创造灵感的基础上来保证风格的鲜明性，同时还要做好多元化的转变工作，在营造人文环境的基础上来展现出地域文化的特点与优势。

现代风景园林设计与自然界同作为独立的生态体系，有着极为重要的影响。但是与自然界还是存在着一定的差距的，现代风景园林设计自身难以保持平衡，其在物质与能量等方面还是需要依靠人工来扶持的。所以说现代风景园林设计人员要运用好设计理念与方法，协调好人与自然之间的关系，同时还要综合好不同的领域，明确设计发展方向，为人们营造出舒适的生活环境。

第三节 现代风景园林人性化设计

现代风景园林是城市景观规划的重要内容，进行现代风景园林人性化设计能够实现各景观要素的高效配置，满足人们的观赏需要。因此，本节阐述了现代风景园林的设计原则，并且从城市景观规划需要的角度出发，详细地阐述了现代风景园林人性化设计中的关键部分，旨在不断提升现代风景园林的人性化水平与其设计的质量，进而为人们创造舒适的观景及休闲场所。

在如今的景观设计中，人性化设计是最基础的要求，而且人性化的设计不但可以对景观要素进行完善，还能够最大限度地满足人们的需求。因此，在现实生活中，应该对景观设计的人性化原则有一个全面地了解，并且对设计元素也应该有一个整体的认识与规划，积极掌握人性化设计的关键，这也是优化景观设计的重要内容，从而能创造出优美兼具舒适的环境。现代园林设计也可以应用于人性化设计中，而且具有重要的意义，主要体现为：一是体现了用户最根本的生理需求，秉持以人为本的发展理念，从某种意义上说，人性化的现代园林设计极大地保证了人们的生理安全，所以，人们使用这些景观细节而不必担心什么；二是体现了社会对人性化设计的关怀，同时，也充分考虑到了一些弱势群体的特殊需要。社会是人的集合，也是一个巨大的团体，其中的每个人都享有使用公共空间的权利。而且人与人之间是平等的，更需要彼此之间相互包容。因此，现代风景园林的设计也应该把弱势群体的需要考虑在内，这样才能打造出具有人性化的现代风景园林，体现出人与自然和谐共处的宏观视角。

一、人性化设计

人性化设计是指在设计过程中综合考虑人的生理结构、不同的生活习惯、个性特征、文化习俗等群体需求的设计过程和方案，并对设计对象进行分类和优化，使其更具适用性和舒适性，从而使用户或服务对象获得最佳的使用体验和满意度。在具体的城市空间设计中，人木无处不在，不仅要满足各个层次、各个年龄段的人的生理需求，还要关心他们的心理需求、行为需求和情感需求。

二、现代风景园林人性化设计的原则

实用性原则。在现代风景园林人性化的设计中，应该遵循实用性的原则，这也是最基本的原则。实用性最贴近生活，能让人们产生亲切感。从整个设计来看，现代风景园林的实用性主要体现为几方面：(1) 景观设计中加入了许多休息娱乐场所以及与其相关的整套设施，极大地提升了人们休闲娱乐的舒适程度；(2) 人们的参与度得以提升。比如，有些城市中建设了一些具有特色的果园，不但美化了城市环境，人们也能在果园中体验采摘的乐趣。

宜人性原则。通常来说，传统现代园林的管理与建设会受到经济的影响，因此，其现代园林景观比较简单，其色彩也不够丰富，观赏效果不佳。由此，在现代的现代园林设计中，不但应该注重观赏的效果，还应该兼顾实用价值与经济效益。宜人性原则就是要满足人们的观赏需求，提升人们的生活品质。

公共性原则。由于社会的发展与时代的进步，人们的休闲娱乐生活也逐渐丰富起来。娱乐的载体不但要自由，更要高度地开放。现代风景园林是人们休闲的重要场所之一，因此，在设计时应该打破空间的限制，加入一些休息的座椅，积极打造良好的公共空间与社会环境。

领域性原则。现代园林建设的目的之一，就是为人们提供休闲与娱乐服务。因此，在设计与建设时，应该充分考虑人们对空间的需要。从人类行为特征的角度来说，景观设计应区分个人区域和公共区域，让人们能够更加自由与舒适地交流，既要反映景观的相对领域，又要体现景观的内在公共性。

三、现代风景园林人性化设计的特征

安全性。在马斯洛的层次理论中，人最基本的需求就是安全。换句话说，如果设施不能保障使用者的安全，那么，该设施就会成为一种摆设，因此光环细节必须基于安全性进行人性化设计。细节设计的安全性需要从根本上避免用户的意外，减少用户的安全顾虑。同时，还应该考虑到用户的心理需求。例如，现代风景园林设计中涵盖多处休憩场所和户外设施，并且这些设施设计符合人们在游乐时候的安全性，以安全为首要的原则进行人性化设计。

耐久性。耐久性即细部在历经一段时间后变得更加坚固，具有耐久性和跨度。现代风景园林的每一个细部的施工按图纸完成后，都将承受用户的触摸、踩踏、撞击等行为，还需要承受自然界的风吹日晒或气候的极端外力。尤其是现代风景园林某个景观在细部设计阶段，从材料的选择到施工方法的探讨等，都应考虑这些细部测试的因素，耐久性将增加用户的使用意识和安全性。

人文关怀。在西方文艺复兴时期，就已经出现了人文关怀。人文关怀的中心是认识人性以及人的价值，同时，在处理各种关系时，一定要确立人的地位，进而认识生命的价值和意义，使人能够全面发展。这种人文关怀不但在经济上有所体现，在精神上也有表现。首先，应该认识人的主体性，并加以尊重与保障，人可以使用景观细节，但是不是景观细节的主宰者，因此，现代风景园林细节的设计应该符合使用者的需求，并且迎合用户，而不是让用户反过来适应细节；其次，需要关注不同层次用户的需求。一般来说，当使用现代风景园林景观细节时，不会只有一种行为，例如，圆形剧场的台阶不仅用来坐着看戏，还用来走路和过街。坐着看戏一般是一种自发的行为，但可能是出于被动；最后，还需要积极关注不同群体的需求，尤其是儿童、妇女、老人、残疾人以及年轻人更需要使用户外的空间。在设计景观细节时，把这些人的需求加以考虑，就是人文关怀的一种体现。

关注弱势群体。为了实现人性化的景观与现代园林，重视弱势群体的需求也是十分必要的。但是，本节探讨的弱势群体的范围仅限于生理上的弱势群体，并不包括其他因素。从生理的层面上说，儿童、老人、孕妇以及残疾人，都属于弱势群体的范畴。因此，在设计现代园林景观时，必须考虑到这些人的需求。如，公园进出口设计上需考虑无障碍的道路坡道，安全扶手以及盲道；儿童群体的使用尺度和安全性；特殊群体的身体需求和心理需求的空间设计和复合分布设计因素。

四、现代风景园林人性化设计的应用策略

强化景观整体性规划。现代园林设计最根本的要求就是现代园林的整体性。现代园林的整体性，不但可以对景观进行区分，还能够提高人们对景观的识别程度，从而满足人性化的设计需求。景观设计师首先要为景观设计出一个主题，然后对环境进行适当地改善，并且予以美化，进而保障景观的观赏性与安全性，同时兼顾舒适性，最终提高服务水平。

兼顾人们多样化需求。人们的不同需求是现代园林景观设计的重要基础与前提条件，有了人们的不同需求，才能对景观进行设计与优化，才能进一步地提升人性化的设计质量。但是，实际上人们的需求虽然是各有不同，但还是能够根据年龄段、文化水平与身份类型进行划分，他们的实际需求也不尽相同。所以，在设计时应该更加注重多样性。例如，在规划儿童活动区域时就需要结合儿童的特征，设计出符合儿童天性与发展的景观，并且注意色彩的搭配，尽量满足儿童的需求。

实现现代园林生态可持续。可持续发展一直是我们所呼吁的，景观人性化的设计也应该

如此，注重生态的可持续性。一方面，要合理规划现代园林的植物、建筑与道路，在结构上更具有合理性；另一方面，要突出现代园林特色，把地方的城市特色加入到景观中，从整体上提升现代园林的品味，让人们在观赏的过程中身心更加愉悦。另外，人也是生态系统中的关键部分，因此，景观的规划也要考虑到人的实际需求，从而保障景观能够广泛的适用。

实现细节上的人性化设计。细节决定成败，在现代园林的规划中，也是如此。细部的规划也会影响到现代园林的品质。因此，在设计景观时不仅应该注意多样化，还应该注重细节。例如，在设计景观的道路时，就应该注意以下几点：(1) 立足于整体，综合考虑人流与建筑的分布情况，并且对新的道路进行合理地规划，同时，应该设计出多条道路，人们不仅可以在最短的时间内到达想去的景观与建筑，还可以起到分散人流的作用；(2) 注意道路的宽度，尽量少出现道路太宽或者过于狭窄的情况，这样会严重影响到现代园林的观赏效果。所以，在设计道路时应该有一个标准，既能够满足人们的休闲需求，也能实现良好的观赏效果；(3) 最为重要的一点，就是道路建设的成本费用问题，在设计时要保证成本的合理，同时兼具造型美观，注重环境效益。

在现代园林设计中，人性化设计占有极其重要的地位。由于城市化的进程一直在不断的加快，许多的现代园林在设计时都未能很好地进行人性化设计，因此也带来了许多负面问题，例如，景观场所的利用效率不高，甚至有些景观还出现了废弃的情况，还有一些景观的生态环境遭到了严重的破坏，极大地影响了人们生活品质的提高。出现这些问题，主要是因为在设计这些景观时，并没有注重以人为本。因此，现代园林设计应该站在使用者的立场上，关注他们的需求。

第四节　低成本现代风景园林设计

现代风景园林与人们的居住环境息息相关，对现代园林进行合理设计，对降低施工与维护环节成本具有重要的现实意义。首先分析了低成本现代风景园林设计中存在的具体问题，其次阐述了低成本现代风景园林的设计原则，最后立足问题现状，重点探究低成本现代风景园林设计的有效策略，以期提供一定的借鉴与参考。

现代风景园林在规划设计与施工建设中，规模较大、成本高，需要对其进行有效的管理与控制，以期降低成本，为城市经济发展和环境保护做出贡献。相关领域工作人员应认识到低成本现代园林景观设计中存在的问题，合理明确低成本景观现代园林的设计原则，以期实现现代园林景观建设与施工的经济性与环保性。

一、现代风景园林设计中存在的问题

材料与人工成本浪费问题。现代风景园林设计中，需要考虑材料的采购与应用问题，

对施工原材料和人工成本进行合理控制，以此降低现代园林景观施工与建设的实际花费。然而现阶段，我国现代风景园林景观设计中，对原材料与施工人员的控制力度不足，对施工方案的造价控制工作也略有不足，进而导致现代园林建设材料与人工成本的浪费问题。此外，在现代风景园林设计中，对环保经济性质的原材料应用不够，也会阻碍低成本现代风景园林的设计与建设工作的有序开展。

现代园林与自然景观搭配不当。现代风景园林建设中，应最大化应用原有的自然生态景观，实现现代园林建设与自然景观和谐统一。然而部分现代风景园林对自然生态的综合利用不到位，存在破坏生态环境的问题。景观规划与建设对场地及相关资源的利用不够充分，不利于低成本现代风景园林设计工作高效合理地进行。此外，部分设计人员仅考虑美观性，对景观建设的经济性关注不够。

现代风景园林景观维护费用高。现代风景园林的管理与维护是现代园林设计中应考虑的重点问题。为实现现代风景园林管理品质的提升，选择成本较高的维护与管理方式，由此导致现代园林维护成本上升，不利于低成本现代风景园林建设。景观现代园林的维护与管理，应注重人与自然和谐共处，然而相关人员对现代园林的宣传与保护力度不够，进而引发了破坏现代园林的问题。此外，还存在管理人员对园区巡视力度不足，管理与维护技术水平低下的问题。

低成本现代风景园林设计从节约工程建造成本为出发点，注重减少现代园林绿化的开支，减少不必要的机械和人工费用支出，在因地制宜的原则下进行有效的现代风景园林设计。

二、低成本现代风景园林设计的意义

满足城市经济发展要求。目前我国城市普遍存在绿地总量不足的问题，且城市绿化分布不均衡，现有城市绿地不能满足城市建设需求。采用低成本的设计方式，可以更好地节约城市绿化建设资金，满足广泛开展绿化普及的需求。特别是对于中小型城市而言，由于城市经济发展速度相对缓慢，城市可用于绿化的支出较少，提高现代园林绿化普及率，要以低成本的现代园林设计满足城市现代园林建设的需求。使用低成本设计方式不仅降低了绿化资金的使用量，而且便于维护，对于促进城市现代园林发展有重要意义。

改善生活环境质量。低成本的现代风景园林设计模式一方面降低了工程难度，另一方面提高了现代园林绿化的普及率，可以在更广泛的城市地域满足现代园林绿化的现实需求。低成本的设计方式往往从满足人们对现代园林最基本的生态功能与休闲功能出发，注重通过科学的节能减排技术，从尊重地域环境的角度进行现代园林景观的设计，这极大地满足了市民需求，有利于改善城市居民生活质量，同时改善居民的卫生条件，对于净化空气、有效减少现代园林绿化施工对居民的影响，提高现代园林所在地区人民的生活质量有重要意义。

推动城镇化发展建设。低成本现代风景园林设施可以作为城镇化发展重要方法，低成本现代风景园林设计解决了建设与维护经费不足的问题。低成本现代风景园林设计是在寻求解决问题理念下进行的设计，因此，对于推动优化城市发展环境有重要意义。低成本现代风景园林的设计，可以使得城市广泛兴建大量的现代园林，这对于改善城市宜居环境，提高城市的吸引力有重要的意义。通过低成本现代风景园林的建设工作，同时也带动城市其它基础设计向着高效、节能、低成本的方向发展，从而在整体上促进城市建设水平的提升。

三、低成本现代风景园林设计原则

以人为本原则。低成本现代风景园林设计以满足人们的使用需求为出发点，强调现代风景园林符合人们的生活、居住、休闲需求。低成本现代风景园林设计以满足人们的需求为核心价值，强调符合人们生态需求、美学需求、社会需求与文化需求，着力在满足普遍需求的基础上进行人性化的设计。低成本现代风景园林设计必须在充分调研的情况下实施，在降低现代风景园林成本时不得降低现代风景园林的品质，着力满足人们对舒适景观现代园林空间的需求。

遵循自然规律。降低现代风景园林设计成本，应当从尊重环境和自然规律出发，在维护生态平衡的基础上，切实利用符合地域气候环境特征的设计方法，从而提高现代风景园林选取植物的地方适应性，有效降低未来风景维护的成本。首先，现代风景园林设计以尊重自然规律为基本要求，强调在生态学的支撑下开展现代风景园林设计。其次，注重加强现代风景园林设计前的实地调研，注重从实地因素出发，按照因地制宜的方式进行设计，从宏观层与微观角度加强生态循环系统的建设。具体要熟悉现代风景园林建设的实地情况，要熟悉当地的气候水文要求，收集多种信息作为现代风景园林设计的基础资源，详细调查现代风景园林所在水文环境，合理选择各种应用材料。

降低材料成本原则。提高现代风景园林设计的有效性，切实降低现代风景园林的建造成本，达到合理节约各种资源的目标，需要在现代风景园林建设的自然资源应用方面进行节约。第一，合理利用场地资源，尊重地域环境的自然原貌特征，有效降低工程建造成本。第二，加强现代风景园林的取材规划设计，在就地取材的基础上，能够合理运用外来材料，着力实现外来树种与地方材料的合理搭配。第三，强调变废为宝，能够对现有的各种材料进行回收利用，注重对现有材料进行加工，从而达到节约成本的目标。第四，强调减少人造资源的应用，减少人造材料对地域环境的破坏并节省材料成本。降低材料成本对于减少现代风景园林废气废物的产出，有效地减少人为对地域环境的干预，充分利用自然环境资源有重要价值。

减少维护成本原则。低成本现代风景园林的建设要注重减少维护成本，注重兼顾现代风景园林的长远利益，不仅注重初期的景观建设，而且还要做好后期的现代风景园林养护工作。首先，从现代风景园林建设的长远利益出发，切实加强后期养护成本的核算，在综合全面成本分析的基础上进行现代风景园林景观的设计工作。其次，充分考虑人工经费，从节约水源、节约能源的角度开展现代园林景观设计工作。在现代风景园林景观的设计时注重融入低建造的思想。最后，采用科学的种植方式，充分考虑植物的生长特点进行种植，从而达到选择最适合的植物，实现现代园林植物有效补给，切实满足现代风景园林建设需求。

四、实现现代园林景观低成本设计的策略

合理控制材料与人工成本。为实现低成本现代风景园林景观建设，应注重合理选材。针对现代园林景观建设的造价管理，应注重材料的耐用性和功能性，在保证现代园林功能实现的前提条件下，合理选择现代园林施工材料。现代风景园林施工和一般性质的工程项目存在较大差别，不仅要实现现代风景园林建设的美观性，还应满足经济环保要求。设计中，应选择低成本的环保材料，例如，乡土植物和可再生材料的应用。针对乡土植物在现代风景园林设计中的应用，可就地取材，节约材料远距离运输成本。同时，乡土植物的种植，其成活率高，避免现代园林植物因成活率低而引发浪费问题。

此外，人工费用也是现代风景园林建设中的主要支出，为促进低成本现代园林景观建设工作的有序进行，需要有效控制人工成本，保证现代园林建设的科学性与合理性。应加强管理，保证施工人员的工作效率，以节约人力资本的支出。建立奖惩制度，合理发掘施工人员的工作能力和施工技能，促进人力资源的高效合理应用。此外，对现代风景园林建设人员的选择应坚持本土化原则，就近寻找劳动力，可解决当地就业问题，并且本土化人员对当地现代风景园林建设工作较为熟悉，可有效提高劳动效率。

施工材料和人工成本是低成本现代风景园林设计中需要考虑的重点因素，应建立施工材料与人工合理控制制度，对材料的应用和施工人员的选择进行全方位的管理与控制，以降低现代风景园林建设成本，提高人员工作效率。此外，为全面加强成本管理与控制，应选择经济环保的施工原料，科学有效地评估现有的施工技术和原材料，对于应用过程中不符合经济性和环保性的相关材料应实行淘汰机制，进而保证低成本现代园林景观建设工作有序开展。

注重景观与自然环境统一。为有效解决现代风景园林景观建设与自然生态搭配不当的问题，应注重景观与自然环境的和谐统一，以有效节约建设成本。低成本现代风景园林规划设计中，应注重考虑园区以往的生态环境，注重在原有的植被条件下设计景观现代园林，不仅可节约景观建设成本，而且保证了现代园林风景的和谐统一，实现与自然景观的有机契合。为实现这一目标，应遵循生态环境的自然规律，合理设计园区各部分的景观生态内容，做到绿植覆盖与自然生态环境的有机结合。

自然界是人类生存之根本，尊重自然、热爱自然一直以来都是我国现代风景园林景观建设的基本原则。坚持利用生态设计方案，将现代风景园林融入生态环境中，是减少对环

境干涉的重要设计方式。同时，相关策略的应用也可有效降低现代风景园林建设成本，促使现代园林景观更加具有生命力与活力。为提高人们的体验度，可最大程度利用现代园林的地理优势，借助森林和水流，使人们感受自然界的魅力，达到现代园林建设与自然景观和谐统一的目的，实现现代风景园林功能与效应的最大化。

资源是现代风景园林的重要组成部分，对低成本现代园林建设具有重要意义。因此，应注重景观资源的高效合理应用，进而节约建设成本，促进景观现代园林建设的经济性与合理性。应充分考虑拟建设植物的生长环境、土壤和水源等，并将相关因素作为现代风景园林的构景基础，以此促使景观现代园林建设的科学性与有效性，实现现代园林的低成本设计与施工。同时，对现代园林资源应注重优化配置，提高资源利用效率。此外，鉴于现代风景园林景观的生态性质，应注重呈现景观现代园林的自然美与生态美，注重利用天然景观对现代园林进行构景与搭配。不仅要考虑现代园林建设的美观性，还应坚持现代风景园林建设的经济性，做到美观设计与经济设计的和谐统一。

利用新技术降低维护费用。后期现代园林维护与管理考虑不周全，是造成维护管理费用居高不下的重要原因。因此，应注重现代园林景观的设计与规划，设计合理的维护与管理方案，以降低景观维护费用。针对现阶段现代风景园林管理中存在的管理方式落后、控制成本较高的问题现状，应探究高效合理的维护方法。例如，先进的巡视技术产品——无人机的应用，对现代风景园林中的各个景观进行巡查与管理，可减少人力资源的浪费，提高现代风景园林管理效率，最大程度降低管理成本。

在现代园林建设与管理方案中，应加强管理措施的应用，注重利用先进的管理方式，促进低成本现代风景园林的有序运行，以期提高现代园林景观管理效率。此外，加强对现代风景园林使用人员的宣传与教育，进而提高人们的思维意识认识水平，加强现代园林保护，降低维护成本，促进低成本现代园林建设工作的有序开展。

低成本现代风景园林景观管理中，应合理控制成本，注重应用精益管理理念，有效控制现代园林设计、施工、维护各环节成本造价，以减少项目建设费用。现代园林景观建设的根本目的是满足人们的精神文化需求和物质需要，为人们提供更加优质的服务。因此，景观现代园林设计需要坚持以人为本的原则，注重提高人的体验程度。

此外，为有效控制现代风景园林的维护费用，需要加强现代园林植物的种植管理，选择科学有效的种植技术，保证绿色植物成活率，避免出现浪费问题。植物是构成现代风景园林的重要基础，高效管理植物景观，不仅能够提高现代园林景观的美学观赏性，也能保证现代园林建设过程的经济性，有效降低后期的管理与维护费用。定期修剪现代园林中的绿色植物，有效防治病虫害，提高绿色植物的生命力，保证现代风景园林向生态化、健康化方向发展。

总之，低成本现代园林景观建设中，应坚持尊重自然、以人为本的原则，利用先进的技术设备加强现代风景园林管理与维护，实现现代园林景观的低成本建设与设计。同时，相关人员应认识到低成本现代风景园林建设中还存在一些现实问题，需要根据现状探究合理的解决措施，以实现现代风景园林的生态化、有序化发展。低成本现代风景园林的生态化发展是行业的发展趋势，应给予足够重视。

综上所述，通过合理控制材料和人工成本，注重景观与自然环境和谐统一，利用新技术降低维护费用等措施，可促进低成本现代风景园林的施工与建设。同时，相关措施的合理应用，也为地区现代园林景观建设的经济性与环保性贡献力量，促进现代园林景观设计与施工行业的高质量发展。

第六章　现代风景园林规划设计研究

第一节　现代风景园林规划设计中的创新思维

近年来，随着我国社会经济的高速发展，人们的生活水平不断提高，对城市建设规划以及现代风景园林设计等方面都提出了更高的要求。其中，现代风景园林规划设计更是城市建设中的重要内容之一，现代风景园林规划设计是一项十分复杂和系统的工程，对设计者的创新思维有很高的要求。因此，本节主要对现代风景园林规划设计中的创新思维进行了全面且细致的分析与探讨，希望可以进一步推动我国现代风景园林规划设计的发展，为城市发展贡献更多的力量，供相关工作人员参考。

从我国现代风景园林规划设计现状来看，我国的现代风景园林规划设计理念相对落后，现代风景园林规划设计普遍存在严重的模式化和形式化现象，过于追求外观绚丽等视觉上的效果。而在规划设计中忽略了传统文化的融入，使现有的现代风景园林规划设计从外观上看就像“克隆人”一样，模仿的痕迹十分清晰，缺少足够的创新。所以，为了满足人们对现代风景园林规划设计的现实需求，设计者必须根据以往的设计经验和实际情况，在设计中增添足够的创新因素，以此提高现代风景园林规划设计的整体效果。

一、创新思维在现代风景园林规划设计中的重要作用

传统的现代风景园林规划设计，设计的理念和方式大同小异，设计人员将更多的精力投入到现代风景园林的外观设计上，而忽略了现代风景园林内在文化的展现。使得各个现代风景园林只有一个绚丽多彩的外在形象，其内部的内涵文化没有得到充分的体现，导致现代风景园林的整体设计效果不是特别好，没有特别吸引人的地方，设计缺少足够的创新。所以，在现代风景园林规划设计的创新理念下，要想更好地体现现代风景园林的内涵文化，除了要在其外观上下足功夫以外，还应该在现代风景园林的抽象设计环节中进行有效的创新，将更多具有当地特色的文化素材和风景因素等融入规划设计中，使现代风景园林的规划设计可以与当地的人文特点和风俗习惯等完美结合，给人一种耳目一新的感觉，带给游客不一样的视觉体验，感受到现代风景园林的创新性和文化特征，以此提高现代风景园林规划设计的整体水平。

二、现代风景园林规划设计创新过程中遇到的问题

现代风景园林整体规划设计缺少创新点。随着城市化进程的不断加快，城市规模逐渐扩大，城市人口越来越多，城市中到处可见高楼大厦、商业街等。在此背景下，城市中的现代风景园林在进行整体规划设计的时候，为了能够适应城市的发展，与城市的整体规模和发展状况相适应，在对现代风景园林进行整体规划的时候，会过于追求设计的现代化，在现代风景园林规划设计的过程中融入更多的现代化素材，以此突出现代风景园林的现代化外观，与城市的发展进行匹配。因为城市的发展进程是一致的，发展是相似的，这也造成现代风景园林的规划设计太过注重外观，模仿对象以欧美风格的现代园林为主，使得全国各地的现代风景园林显得毫无新意，缺少足够的创新点，无法满足人们的现实需求。

没有体现当地的文化特色。在现代风景园林规划设计的创新过程中，设计的灵感是源源不断的，也是多种多样的，但是受到工业化设计以及国际化设计风格的影响与制约，设计师在进行现代风景园林规划设计创新的时候，会将创新的重点放在现代风景园林的外观创新和内容的创新上，容易忽略对当地文化特色的创新与展现，使得现代风景园林的规划设计与当地文化脱轨，没有彻底突显出当地现代风景园林的独有特点和文化意蕴。每个地区的风景、景观以及人文特色都存在较大差异，也都会遵循一定的自然规律，以此呈现不同于其它地区的自然景观，将当地的文化特色和风景更好地展现出来。由于在现代风景园林规划设计中过于追求外观上的视觉效果，没有将具有当地文化特色的创新点考虑进来，就会使现代风景园林的规划设计在深度上缺少足够的创新，使得现代风景园林的规划创新显得，毫无创新可言。

三、现代风景园林规划设计的创新策略

鼓励社会大众积极参与现代风景园林规划设计。现代风景园林规划设计的最终目的是为社会大众带去良好的视觉体验，带给大众心情上的愉悦，满足大众对它们功能上的需求。为此，现代风景园林规划设计的过程中，可以邀请广大社会群众都参与到现代风景园林的规划设计中来，为现代风景园林的规划设计出谋划策，提出自己的建议和看法，帮助现代风景园林规划设计人员获得更多的设计灵感，找到更多的设计创新点。一方面，现代风景园林的规划设计与当地百姓的日常生活息息相关，现代风景园林是以服务大众为己任。所以，社会大众在现代风景园林的规划设计上应该是最有发言权利的人，也是感受最深刻的人。另一方面，现代风景园林规划设计人员可能对当地的人文情况、文化情况以及风俗习惯情况等不太了解，不能站在当地居民的角度去考虑现代风景园林规划设计，就会导致设计的结果不尽如人意，无法满足当地居民对于现代风景园林的现实需求。所以，设计单位应该适当采纳当地百姓的设计创新建议，并且通过全面的社会调查和走访，最终确定完整的现代风景园林规划设计方案，并且高效落实。

现代风景园林规划设计单位可以在设计的初期开展一次“现代园林设计靠大家”的主题活动，向当地的社会大众征集各种现代风景园林规划设计方案，并且从中挑选出几份优秀的规划设计，进行为期一个月的展示与投票，最终选出一份社会支持率最高的方案实施，并且给予方案提供者一定的奖励，以此提高社会大众的参与积极性，为现代风景园林的规划设计贡献自己的一份力量。

根据现代风景园林的功能进行创新。一般情况下，现代风景园林的主要功能是为社会大众提供一个可以放松心情，休闲娱乐的场所，需要拥有进行适当室外活动和体育锻炼的功能，现代风景园林的功能相对比较单一。所以，现代风景园林的规划设计人员可以在使用功能上进行适当的创新，将现代风景园林设计成集娱乐、休闲、游览为一体的多功能场所，以此吸引更多的人到现代风景园林进行亲身体验，感受现代风景园林带给人们的不同的情感体验和意境表达。例如，在现代风景园林的规划设计中，设计人员要先对当地的历史进行深入的研究与分析，找到当地具有典型意义的文化历史和生活历史元素，在现代风景园林中规划出一个特定的历史文化观赏区，对当地的历史文化和发展历程进行展示，帮助当地居民了解到更多与自己家乡有关的知识，提高大众的文化素养，同时也可以吸引更多的外地游客，对当地的历史进行品读，了解当地更多的风俗习惯和人文气息等。

另外，现代风景园林除了要为社会百姓提供娱乐的场所以外，还应该规划设置更多的体育锻炼器材等，包括简单的体育器材、篮球场、足球场等，引导人们在日常的业余时间更多地参加体育锻炼，提高自身的体质状况。在现代风景园林中，体育设施方面的建设只是整体规划的一个方面，不能规划过度，而将现代风景园林的本质变成了体育场所，要设计得合理，既不能改变现代风景园林的本质，又要突出现代风景园林的规划设计创新点，以此提高现代风景园林的整体功能和创新效果，给社会大众带来不一样的游览体验。

尊重现代风景园林的原始性与独特性。无论是古代的现代风景园林，还是现代的现代风景园林，其本质都是一样的，都是展现风景和自然的场所。为此，社会大众对于现代风景园林的实际需求还是以观赏为主，其它附加功能为辅。人们游玩现代风景园林的目的就是想要在游玩的过程中释放压力，想要在游玩的过程中得到快乐和视觉上的享受。所以，现代风景园林的规划设计创新，既要将现代城市元素融入规划设计当中，又不能破坏现代风景园林的原始性和独特性，要做到现代风景园林现代设计创新与大自然的有机融合。现代风景园林的规划设计要尊重自然的原始性和独特性，使用恰到好处的设计方案和现代园林景观雕琢技术等，将现代风景园林的自然美观充分地体现出来。

实现传统设计以及现代艺术的有机融合。现代风景园林的规划设计，经过了多年的发展和艺术积淀，已经积累了相当丰富的规划设计经验，并且融入了很多西方的传统文化因素，形成了具有传统和现代艺术特色的一个整体。所以，在对现代风景园林规划设计进行创新时，设计人员必须要处理好传统设计与现代艺术之间的关系，既要体现传统设计的理念，又要将现代艺术的素材适当地融入进去，以求给人们丰富的视觉体验和情感体验，形成独具风格的现代风景园林外观。传统设计与现代艺术有机融合，不但可以弘扬中国的传统文化，而且能推动现代艺术的发展以及文化传承，实现真正意义上的文化传播和欣赏。设计人员需要将现有的文化元素和设计理念结合在一起，从现代风景园林的外观、文化内涵、功能等多方面进行有效的创新，从而推动现代风景园林的创新发展。

综上所述，我国的现代风景园林在规划设计创新的过程中，正面临创新点不足、文化特色表现不全等现实问题，亟待解决。相关的现代风景园林规划设计人员必须在工作中，将传统的设计与现代艺术有机地结合起来，并且积极采纳大众的建议，对现代园林的功能进行创新性开拓，同时要尊重现代园林的原始性与独特性，进而全面推动现代风景园林的创新设计发展，提高现代园林的整体设计水平，促进我国的现代风景园林发展。

第二节　现代风景园林规划存在的问题

城市现代风景园林设计是一门涉及生态、人文、艺术、生物等的社会科学，以及市政、交通、建筑、水电、植物栽种等技术领域的综合类学科。可见，城市现代风景园林设计极具复杂性，导致我国城市现代风景园林设计存在一些问题。为此，文章首先分析我国城市现代风景园林设计存在的问题，然后提出有效的应对策略，供参考。

随着社会的发展，城市现代风景园林的研究已经突破模山范水、美学与艺术表达的束缚，转向综合考虑社会、生态和文化价值，其中包含土地规划、设计、管理、保护和恢复等工作。目前，我国城市普遍存在盲目过快建设，城市现代风景园林建设浮于表面的问题，具体表现：盲目模仿西方或大城市现代园林景观，采取与实际土壤、气候环境不相符的设计元素和现代园林植物，过度追求高要求和高品位等。简而言之，我国城市现代风景园林设计存在“全球化与地方化矛盾”“传统与现代矛盾”的问题。鉴于此，文章简要探究城市现代风景园林设计存在的问题和对策。

一、城市现代风景园林设计存在的问题

问题的具体表现。

（1）广场建设盲目性大。城市广场是一处集集会、休闲和娱乐等功能为一体的场所，其建设面积一般根据城市等级来定：（特）大城市 10hm²、一般城市 3 ~ 5hm²、小城镇 2 ~ 3hm²。但目前，我国城市广场建设普遍存在盲目求大的问题，一些县城的广场面积甚至达到 15 ~ 25hm²。据统计，我国 662 个城市和 20000 余个建制镇中，“形象广场”近两层。另外，我国城市广场建设还存在奢华且与地方实际严重脱离的现象，比如广场铺地的面层选择厚于 30mm 的花岗岩，而事实上，20 ~ 30mm 的花岗岩足以满足广场的观赏与使用需求。

（2）绿化模仿现象严重。除建筑物外的用地都是景观现代园林用地，它是城市形象特征的最好体现。但在现代园林绿化中，一些城市存在盲目性，比如盲目移植大树或引入外

地品种而忽略乡土植物，这种“模仿照搬、贪大求洋”的行为导致我国城市现代园林建设“千城一面”。例如，20 世纪 90 年代，我国普遍以种植草坪为时尚追求，并引入名贵草种，甚至为此砍伐茂密的树林，同时为了减少草坪维护成本，被迫将绿地列为市民休闲娱乐的禁区；随后一段时间，城市新建绿地又广泛种植秃头树，甚至将椰树种植在环境较为恶劣的北方城市。

问题产生的原因。

（1）主观原因。一些城市现代风景园林设计成为了设计师个性宣泄的场所或是官员意志的产物。第一，管理人员相互学习、效仿和攀比。关于管理人员“大兴土木、加快城市建设”的问题，表面原因是为了顺应城市发展的现实需要，而实质是城市主政者抱有“求大、求洋、求变、求新”的心理，将城市面貌日新月异认为是政绩的表现。第二，模仿风气盛行。国际著名建筑设计师库哈斯指出：“中国建筑师数量仅占美国的 1/10，却在 1/5 的时间里设计出 5 倍数量的建筑”，说明中国建筑师的效率达到了美国的 250 倍，而事实上，我国同一建筑师在不同城市的建设方案仅有细微的差异，套用嫌疑明显。

（2）客观原因。从世界文化的视角来看，不同国家、民族和地区的差异正在逐渐消失，在全球意识的支配下，一种“世界文明”正在逐渐形成，导致不同民族和地区在现代风景园林设计上的审美、功能、技术趋同，同时随着信息传播与交通的发展，某一类现代风景园林可快速蔓延到世界上的各个角落。对此，最为根本的原因是现代城市现代风景园林设计与地方性相脱离，这一点值得每一位设计师深思。

二、城市现代风景园林设计原则

为了将城市现代风景园林打造成一个生命力旺盛的开放空间，并能长久地服务大众，要求坚持“以人为本”“遵循自然规律”“巧用资源”“降低维护成本”的原则。

以人为本。现代风景园林是人类生产和改造的结果，它力求满足人类不断丰富的生活需求。因此，首先，现代风景园林设计应当满足大众的生态需求，以保证其生理和安全需求得以满足，即在设计现代风景园林时，科学规划现代园林植物群落，并利用生态学理论，发挥现代园林的生态作用，同时通过改善区域性环境来为大众打造一处健康的生活空间。其次，现代风景园林设计是一门审美艺术，其应当满足大众的美学艺术需求，即利用烘托、对比和变化的方法，增添现代园林的美学价值，并通过科学搭配景物和塑造整体结构来展现相应的条理、秩序、韵律和节奏。最后，现代风景园林是一处公共空间，其应当满足大众的社会活动需求，即合理规划空间、安排场地和排布设施，并利用环境行为学理论来实现充分利用场地资源，以方便大众有效开展户外活动。

遵循自然规律。面对环境污染、资源短缺的残酷局势，人类在开发自然环境方面逐渐转变了态度，即在现代风景园林设计中，以“遵循自然规律”为理论基础，并以“维护生态平衡”为重要依据。总之，现代风景园林设计对自然的尊重，有助于控制废弃物排放和环境污染，有助于修复自然系统和生态系统，有助于传承和发扬地方文化，并有利于现代园林的长久发展。

巧用资源。为了降低城市现代风景园林的成本，要求控制好整个现代园林建设中的资源消耗，而最为有效的办法是根据现代园林设计要求和场地条件，合理开发场地，并充分利用场地现有的地理条件、水源条件、植被条件、土壤条件等，降低现代园林设计成本；科学配置资源，减少材料在购入、运输中产生的费用，并改造工艺，以降低工作难度；通过自愿参与和捐款捐物的方式，充分利用有益资源，从而节约资金。

降低维护成本。为了促进城市现代风景园林的长久发展，应当追求现代园林的长期效益，并正确预估维护现代园林的成本。现代园林的维护成本控制要求综合考虑以下内容：选择使用寿命长的耐用材料，并以人工方式延缓材料更换周期，以降低材料消耗；找寻有效的水源补给或有效降低水资源消耗，有利于节约水资源；合理使用电能等资源，以支持现代园林养护工作的高效开展；根据季节变化合理调配人力，并选择耐受性植物和建造自然的植物群落，从而降低现代园林维护的人工成本。

三、城市现代风景园林设计策略

转化运用场地中的资源。在城市现代风景园林设计中，转化运用场地中的资源有助于减少材料的购置、降低建造成本和减轻环境破坏，同时通过保留地方性文化，有助于场地内文化的延续和内涵的丰富。场地中的资源包括自然、人造资源两种。其中，自然资源包括地形、山体、土壤、植物和水体资源；人造资源包括既有建筑、结构、硬化场地、道路和荒废设施等。从美学价值考虑，现代风景园林设计对场地中既有资源的运用需要解决一个问题，即如何实现新、旧元素的有机结合。对此，可从材料的形态着手进行处理，具体处理方式：原状保留是指原状保留场地中具有较高价值的自然、人工元素，用以纪念既有景观或延续其功能；修复更新，即修复现状景观，使其发挥作用；拆解重构，即将既有资源拆解成为个体或小的群组，然后再重组利用；新旧渗透，这是一种最为常见的处理方式，它是指将新、旧元素整合形成相互融合的、统一的整体，比如在自然河流的合适位置修建人工驳岸，将新的植物品种引入既有的绿地中。

选取地方性材料。地方性材料是对地域文化的延续和对当地景观特征的表达。研究认为，地方性材料本土化是人们对归属感的暗示。地方性材料的购入来源多，且距离场地较近，所以开发地方性材料有助于成本的降低。另外，相较于外地材料，地方性材料对当地自然条件的适应能力更强，这既可以使现代风景园林更好地融入环境中，获得更好的美学效果，又可以避免人工介入破坏动植物的栖息环境。面对“千城一面”的局面，现代风景园林设计选取地方性材料更具科学价值。

选取乡土植物。乡土植物是一类具有文化内涵且当地植物特色的植物。经过长期的人工引种和栽培、自然选择、物种演替，乡土植物的群落结构稳定，且生态适应性很好，从而保护了当地的生态安全。相较于外来植物，乡土植物所采用的繁育方法更简单。在营造郊野氛围、环境修复和荒地复绿中，乡土植物的种植方法包括：直接在种植地播撒种子；先在场地周边种植接种母株，再依靠风力或鸟群传播种子；移植表层土，将乡土植物的种子播撒在现代园林建设地中，从而实现种子的自然萌芽。研究表明，乡土植物的购入来源广、价格低且能很好地适应当地的环境，从而降低了现代园林的维护与替换成本。

满足大众需求。城市现代风景园林设计的首要目标是满足大众的需求。现代风景园林设计师应当坚持的最高设计准则是满足大众的喜好和需求，即：设法为使用群体提供质量更高的休憩、娱乐、体育、观赏和交流等环境体验空间，从而满足使用群体的生理和心理需求。为了在成本投入最低的情况下满足大众的生理和心理需求，现代风景园林设计可以采取以下实现方法：第一，因为当居民的文化层次、年龄、性别和阶层不同时，他们将有不同的游园需求，所以要求区分大众属性，以此为设计前提，合理取舍和组合现代园林景点，如在设置体育休闲活动空间时，组合设计孩子和老人的活动场所；第二，在生理需求上，现代风景园林设计最应满足大众对活动场地安全性、耐用性和舒适性的需求，同时还应在视觉、触觉、听觉、嗅觉和味觉上提供良好的体验，从而使受众群体放松心情；第三，在心理需求上，将现代风景园林打造成为大众的心灵家园，让大众拥有更强的满足感、新鲜感、归属感和安全感。无论如何，现代风景园林设计都应以了解受众群体的需求为首要原则，所以现代园林设计师不得按照自己的思维盲目设计场地，切实坚持“以人为本”的设计原则。

城市现代风景园林建设是维护城市健康稳定发展的重要内容，但因为一些主客观原因的影响，导致现代风景园林设计存在盲目性。对此，文章首先阐述了城市现代风景园林设计应当坚持“以人为本”“遵循自然规律”“巧用资源”和“降低维护成本”的原则，然后简单探讨了城市现代风景园林设计对策，用以指导现代园林设计师科学设计出满足大众需求的、符合当地城市发展的现代风景园林。

第三节　VR+ 现代风景园林规划与设计

建筑行业的发展对我国社会经济水平的提升有重要的作用，现代风景园林建设成为现代城市化建设的重点，能够促进城市化进程。传统的现代风景园林设计工作主要是依靠对设计图纸的分析与调整，然而这种工作方式效率较低。基于此，本节主要分析现代风景园林设计中的工作特点，通过使用虚拟现实技术，使现代风景园林设计工作能够更加便捷地开展。

传统的现代风景园林设计工作主要是依靠对图纸的分析与调整，开展工程建设施工规划。这种方式能够在一定程度上保障工程建设施工效用，但还无法对实际问题进行分析和解决。虚拟现实技术能够通过建立三维立体模型展示工程建设的实际规划，直观地体现工程方案，增强施工效率。在这个过程中，设计者能够获得更加真实的体验现代风景园林设计构造，直观地解决相关设计问题，减少设计施工变更带来的问题。

一、虚拟现实技术简介

在我国虚拟现实技术在各行各业中已广泛应用。虚拟现实技术主要是利用网络技术进行发展，通过对各种信息技术的结合，使整体技术得到提升，发挥作用。虽然我国现代风景园林建设项目的发展时间较短，但其对虚拟现实技术的应用还比较广泛，能够较好地满足设计者的要求。在开展现代风景园林建设施工的过程中，设计者需要有一个全面的感受及体验。这就可以通过对虚拟现实技术的应用对设计方案进行全方位的调整，通过视觉展示，明确其中的问题。虚拟现实技术在实际应用过程中具有较大的真实性，能够使得现代风景园林设计工作的细节得到加强，不仅能够保证工程建设施工的美观，还能够对技术及质量进行控制。现代风景园林设计工作需要考虑到实际施工过程中的气候等问题，并且还需要考虑到工程在不同季节下的变化情况。虚拟现实技术就能够考虑到这些问题，真实地展现不同季节下工程的实际效果，还可以结合不同的意见和方案对其进行改进。

二、虚拟现实技术在现代风景园林设计中的应用特点

全方位虚拟现实技术不仅能够满足空间设计的二维和三维要求，还能够将整体空间展现出来，使设计者能够针对空间问题对方案进行调整。现代风景园林设计工作的开展需要通过对讯息的分析，明确工程设计要素。虚拟现实技术能够使得工程设计中的所有内容得到体现，对空间进行准确的展现，其中的细节问题也能够得到体现。这种技术应用能够使得工程建设的细微部分得到体现，设计人员就不会遗漏细节，还能够对方案进行全方位的调整，提升设计方案的可行性。

远程浏览现代风景园林设计方案经常需要由设计者对方案进行分析，并结合工程特点对其进行修改。利用虚拟现实技术能够让设计者在计算机设备上观察自己的设计方案，还能够展现出自己的作品，使其能够明确设计作品特征。利用这种技术可以减少设计者与施工方的纠纷，主要是由于其能够通过远程发送的方式将自己的设计方案全面呈现给施工方。施工方在还没有实际开展施工时，就能够对设计方案进行浏览，结合施工特点提出相关意见。设计者能够结合施工方的意见，对设计方案进行完善，强化工程设计科学性。

设计完美性虚拟现实技术的应用能够使得工程设计方案具有较强的合理性，一旦方案中某个部分不合理，就能够在利用虚拟技术进行展示的过程中凸显问题。设计者能够在计算机上随意切换设计视角，对设计内容进行体验，一旦发现其中存在问题，就能够及时改进。设计者可以直观地体会到工程建设施工效果，对自己的设计作品进行详细的检查。这种方式能够使得设计者在虚拟的环境中提升自己的设计水平，明确自身的不足，并且针对其中的问题进行改进，对于加强现代风景园林设计效用有较大的作用。

三、虚拟现实技术在现代风景园林设计中的应用

可行性分析在利用虚拟现实技术开展现代风景园林设计工作的过程中，设计者需要明确工程设计方案的要求，按照施工方提出的要求，提升设计方案的可行性。设计者需要组织相关人员对工程建设施工场地进行勘察，通过对地质、环境等情况的检查，设计出可行施工方案。在对相关情况进行检查时，设计者可以明确其中可能存在的问题，收集相关的资料，然后将文字信息及数据等录入虚拟现实系统中，对方案进行初步体现。设计者可以利用虚拟现实技术对真实的施工环境进行模拟，使其对工程施工场地的道路、水流等情况进行了解，分析最佳施工方案。在这个过程中，设计者能够建立真实的工程施工场景和模型，对其中的问题进行解决，构造真实的模型实现对现代风景园林工程的综合规划。

概念设计分析现代风景园林设计工作不仅需要以全面的施工方案作为基础，还需要让设计者具备较强的设计方案概念，使其能够进行概念设计分析，增强工程设计效用。在应用虚拟现实技术的过程中，设计者可以在虚拟现实系统中对自己的设计方案进行分析，观察设计模型，对工程建设情况进行合理的分析。设计者在处于虚拟现实环境中时，能够受到一定程度的感官刺激，活跃自身的思维，使其能够形成场地设计概念。在这个过程中，设计者能够将设计方案中不确定的内容进行改变，通过方案调整完善图形信息。设计者能够在计算机系统中进行视觉体验，虽然完善了设计方案，但是还可以产生新的设计思想，使得工程建设方案更加完善，还能够贴近工程实际施工情况。

主体构思工作的开展在利用虚拟现实技术开展现代风景园林设计工作的过程中，设计者可以对现代园林场景进行设计，主要是通过对技术的应用准确刻画相关场景。现代风景园林设计工作比较复杂，在实际开展设计工作的过程中，需要体现其多维性。因此，设计者在对其造型进行考虑时，还需要结合社会因素和文化因素等，保证空间设计的和谐性。虚拟现实技术的应用能够使得设计者对现代风景园林设计内容进行控制，开展主体构思工作，对内容进行联系，使得构思更加完善。

在利用虚拟现实技术开展现代风景园林设计工作的过程中，可以对其中的数据信息进行分析，提升设计工作的准确性，并且在实际施工过程中可以实施。虚拟现实技术综合性比较强，在之后开展现代风景园林设计工作的过程中，可以打破传统思想，生成三维模型，增强设计方案的可行性，使工程建设施工更加准确。虚拟现实技术可以对信息进行传输，工程相关人员可以通过自己的构想，在虚拟现实系统中实施，利用虚拟现实技术完善设计方案。在之后的发展过程中，虚拟现实技术的应用会逐渐广泛，能够使现代风景园林设计效用提升，对强化技术作用有较大的意义。

综上所述，现代风景园林设计工作的开展能够使得我国城市化建设更加快速，对增强我国整体经济水平有较大的作用。利用虚拟现实技术能够使得设计工作的开展更加直观，便于发现其中的问题。虚拟现实技术可以与其他技术相结合，实现技术创新，对增强现代

风景园林设计可行性有较大的作用。

第四节　数字时代风景园林规划设计

传统现代风景园林规划设计融合新时代数字技术成为一种趋势，重点在于用传统现代风景园林规划设计，与参数化规划设计两者之间进行对比，使用现代景观生态学的原理总结出参数化规划设计方面的优势，充分分析参数化在现代风景园林规划设计中受到的阻碍，阐述参数化发展在现代风景园林规划设计中的重要意义。

人类已经进入智能化时代与数字化时代，在不同行业已经使用参数化规划设计的方式完成行业的改革与创新，比如航空与船舶等行业，在发展上带来了极大的冲击。参数化发展在后期逐渐运用到建筑领域，并且发展成为最时尚最具有潜力的建筑设计风格，这种改变已经改变了传统建筑设计中建筑人员对建筑方面的局限性，很大程度上推动了建筑行业的进一步发展。

一、现代风景园林学发展概述

现代风景园林学的发展有一定的历史轨迹，这种发展轨迹无论是国内还是国外，都有很明确的风格变化。早期的农业时代，国内设计和国外设计基本上都尊崇自然风格，并且以此为创作要素。所以现代风景园林创作的呈现方式都是自然的画卷，如西方比较显著的自然式田园风光以及中国诗情画意的现代园林建筑。现代风景园林的发展有着非常漫长的历史，以几乎在同一时间出现的东方圆明园与凡尔赛宫为例，两者在设计与规划上着重体现了源于自然但是高于自然的一种创作形式，在发展上都是以自然生活为主要的目的。但是在不断的发展中，人类进入工业时代，工业的发展与进步加速了城市的发展，最显著的体现就是城市出现之后对环境的污染，污染环境的同时还破坏人类的生存环境，在这个时候现代风景园林的本质有改善环境和恢复人类身体健康的使命，因此开始建设大量的绿地与公园。随着人类进入了后工业时代，这个时代的人们意识到绿地与公园的建设并非是改善环境的最好方式，在深入的研究后明确了生态学的另一个目标，就是确保人类种族的生存与延续，所以景观生态学称为现代风景园林中的主要方向。在这个阶段人们逐渐提出一些相关的理念，比如“设计结合自然”等规划设计方式。

二、传统规划设计与参数化规划设计的比较

传统现代风景园林规划设计。

（1）传统现代风景园林规划设计。传统现代风景园林规划设计可以从字面意思来理解，即现代风景园林规划设计、现代风景园林设计。从实际操作与字面意思理解来看，规划是

大范围大规模的一种设计，研究的策略主要解决空间内部、内部与外部之间的联系，在研究上重点倾向于人类、土地以及一切可持续发展之间的问题。而设计总体上比规划规模更小一些，设计主要针对尺寸，重点在于细节处的表现，如地方特色与风土人情，在规划设计中还倾向于设计亮点。但是不管是规划还是设计，传统现代风景园林在规划设计上都使用实际调研、走访场地与了解客户的意思为主，而对于水文、气象等自然方面的因素，基本上只作为一个参照的对象。所以传统的现代风景园林规划设计就是对现场的一个规划、绘制草图、通过一系列的绘图软件把人脑中存在的关于设计方面的概念清晰的表示出来，最终建设完成的现代风景园林规划设计。

（2）弊端。传统现代风景园林规划设计比较局限，规划设计针对一块场地进行，以场地周围的环境信息综合考虑找到合适的数量与位置之后，确定中心景观的位置。其次是路网规划，将场地分块将功能分区，边缘线条默认为道路。这是传统现代风景园林规划设计中的常规思路，但是在具体设计的时候我们会发现解决问题的设计太少，往往规划设计上更加注重形式，在平面设计与视觉冲击上有很强的效果，但是正是因为如此，国内的景观设计基本上千篇一律，随意抄袭，设计成果与设计效果并没有什么特殊性，往往实际的生态效果反而被忽视。

2. 参数化现代风景园林规划设计。

（1）参数化现代风景园林规划设计。参数化现代风景园林与传统现代风景园林设计有本质上的区别，它在设计上倾向于气候、地形、水文等之类的因素进行详细的分析，在数字化的基础上建立起参数关系构筑一个景观系统，通过在设计阶段对影响因素进行详细的分析，得到有意义的信息数据，把得到的数据信息分类且筛选，制定出相关的规则，建立参数关系来确保参数与实际场地之间相互符合的结果。而为了更好的理解参数化现代风景园林规划设计，文章以生态学中的斑块 - 廊道 - 基质原理来直观地展示工作模式。

斑块 - 廊道 - 基质是由国外引进的理论，由美国生态学家 Forman 与法国生态学家 M Gordon 提出，斑块指的是外貌与性质上与周围环境不相融和，但是在内部结构与性质上存在一定联系的内部空间设计，所以在内部存在一定的共性外界环境具备异质性质的一种生态学设计。廊道是指两者之间具有一定的联系，但是存在不同的带状或者是环状的结构，连接斑块让其存在一定的关联性。其特性是宽度、组成内容等等具备基底的作用。基质是指在现代风景园林设计规划中分布最广、连续性最大的与斑块、廊道相连接的背景结构，是风景规划设计中的总体动态与整体规划中具备主要功能的特质。所以参数化设计对于现代风景园林规划设计而言具有非常现实的意义，是传统现代风景园林规划的一种变革方式。

（2）参数化现代风景园林设计发展优势。以参数化规划设计方式完成的景观，实际上尊重了景观的生态性和自然性，使用“斑块 - 廊道 - 基质”原理在理解上可以把要规划的现代风景园林场地想象成基质景观和一个连续性非常强的大背景结构，在这个场地中无论场地被分隔成何种斑块，它都是自成一体的和谐结构。当代景观都市主义者、景观生态过程学者等之类的人员已经在现代风景园林现代设计中达成了共识：即现代风景园林设计追求的应当是动态平衡的连续性很强的复杂的生态系统，其中包括了诸多生态环境中涉及的要素，如水文和地质等，而美学性和艺术性的考虑在这种共识的考量下成为其次。景观生态学人员与景观都市主义者、生态学专家等人意识到地球生态系统是一个复杂、多变、巨大的生态系统，城市现代风景园林建设和郊野、农村等等只是构成城市的一个部分，在规划设计上要注意大生态圈与其之间的相互作用关系，这种关系并非是简单的数字几何等可以阐述的。在设计上需要遵循自然发展之间的复杂性与联系性，一个小小的改变就会导致自然界中一连串的连锁反应。

三、分析参数化现代风景园林规划设计中的阻力

虽然参数化现代风景园林规划设计具备一定的优势，但是截止到目前发展的可行性仍旧不高，一方面是由于环境的局限性导致参数化发展受到限制。在现代风景园林规划设计中，包括很多专业人士对参数化现代风景园林设计也心存疑虑，所以参数化现代风景园林在推行与发展上具备一定的难度。另一方面是社会层面对参数化现代风景园林设计存在一定的认识缺陷。参数化现代风景园林规划设计理论发展并不全面，概念不清导致在发展上受到理论的限制。同时参数化现代风景园林规划设计还缺乏专业人才，国内目前由于理论知识不足以支撑实践的运用，人才的培养开发是极大的问题。同时计算机软件的开发也是参数化现代风景园林设计上的短板之一。新时代发展以来国内的现代风景园林设计在一定程度上得到了很好的发展，但是整体上并没有取得巨大的突破，反而计算机等高新技术核心领域内需要借助国外的科技力量来完成相关的研究，这对于参数化现代风景园林的规划设计而言是巨大的缺陷。目前国内的现代风景园林设计中，参数化规划设计存在一定的不足，在指导方针与规范条例上并没有明确的规定，而且国内缺乏推广参数化设计规划的平台与相关的驱动力。所以国内的现代风景园林规划设计数字化还需要不断发展，还要走很长的一段路。

四、基于参数化现代风景园林设计规划的思考

现阶段的中国发展参数化现代风景园林设计，需要正视目前发展中存在的限制因素。现阶段的发展特点是注重表面形式且漏洞百出的艺术设计，而观其主要原因是当代一部分人的设计思想扭曲，更重视政绩工程的建设。而对于其未来的发展应该是数据充实系统完善的科学设计，对于这个方向的发展，还需要做出很大努力与改进。KPF 资深合伙人 Larson Hesselgren 认为参数化设计之所以形成目前的格局是受到城市发展政策的影响，所以目前的发展没有质的突破。虽然参数化设计可以根据环境因素设置参数进行控制，但是城市设计基本上都是偏向呈现文化和社会性质因素，如城市地下轨道系统与自行车系统等等，都是政策问题而非生态需要，在使用上会更多涉及政策投资问题。参数化设计在建筑层面的发展已经进入新的阶段，如兴起的 3D 打印技术与数字制造技术两者的融合，让施

工工艺更加简单，如上海某售楼中心使用的3D打印技术就成为比较典型的案例。

数字化发展已经在各行各业掀起一股浪潮，但是由于学科本身的限制，有关参数化现代风景园林规划设计的理论与相关的技术基本上都是空白，很多由国外引入，或者是相关的学科引入，并没有专业理论与规范指导，也没有影响力，因此这种数字理论与技术如何在国内构建是业内人士需要考虑的问题。从整体上来看，数字化现代风景园林规划设计可以细化为环境认知、设计构建、建筑评价、设计媒介等几个环节从而构成严谨的网络体系。关于数字化现代风景园林规划设计，要遵循几个原则：第一是动态的网状系统与快捷的数据流动；第二是环境认知阶段重要性的强化；第三是以参数化的算法设计、BIM技术为核心的数字设计构建；第四，现代风景园林规划与现代风景园林设计的数字策略上的差异性；第五，重视人的主观能动性。

信息化与数字时代的到来让人类的发展迎来了又一次的机遇，现代风景园林趁着数字化与信息化发展改革创新也是非常具有现实意义的发展。虽然在目前的发展上还存在很多阻力，但是相信在科学技术的支撑下将会推动国内现代风景园林事业更好的发展。

第五节　现代风景园林规划中现代园林道路设计

现代园林风景是城市基础设施基础，推动了我国城市化建设的进程，在建设过程中发挥了重要作用。现代园林风景规划的重点内容就是现代园林道路规划，现代园林道路贯穿了现代园林景点的各个部分，具有点缀景观、划分空间及疏导人流等多种作用。现代园林规划的种类有很多，根据不同类型其作用也不相同，所以，在规划现代园林道路时，要坚持基本的设计原则，根据实际的环境条件及设计要点，进行合理的规划，充分的发挥现代园林道路的作用。

一、简述现代园林道路的分类及其功能

园路分类。从功能方面分析，现代园林道路主要划分成主干道、支路、变态路及游步道等四种的类型。主干道是指园区的入口延伸向每个景点的道路，进入景区的人群都需要经过的道路。除此之外还要满足车辆的行驶，所以主干到通常较宽阔平整。支路是辅助型道路，主要是连接景点或园内建筑之间的道路，主要功能是供游人行走，也允许小型的管理及服务车辆通行。支路通常平整，但不是很宽阔。变态路，具有特殊性，其主要是为了满足游赏功能的差异性，比如磴道、步石等一些特殊的路径。

分析现代园林道路功能。现代园林景区内的纵横交错的路径与园内景观相互呼应形成了一道美丽的风景，现代园林道路的功能主要有组织空间、构成园景及疏导人流等。构成园景，现代园林风景通常是由山水、绿植花卉以及各种建筑等共同构成，蜿蜒曲折、铺设

精美的现代园林道路，与景区景色相互呼应，丰富了现代园林景观的意境，因此现代园林道路也是现代园林构景的重要元素；组织空间，层次分明、区域划分清晰的景区才能为游客提供更好的现代园林体验，因此完善的现代园林景区必须具有不同功能的景观区域，从而满足游客的观光需求，现代园林道路规划能够很好地对现代园林的空间进行最佳布局，设计科学合理的现代园林道路，能够更好地连接或者分隔不同功能的区域空间；疏导人流，能够在景区内合理地进行人流的疏导，才能为游客提供最佳的观光体验，现代园林道路可以正确的引导游客进入景点。现代园林道路除了具有通行的基本功能外，同时还具有衔接各区域景点、点缀景点的特点。

二、简析现代园林道路的设计及规划要点

确定现代园林道路的分布密度与尺寸。现代园林道路设计的首要任务是分布密度及尺寸的确定。确定数值的影响因素诸多，其中基础参数是人流量，在进行现代园林景观规划时设计人员要预判人流量的合理性。针对较大人流量的区域，要规划功能不同并且路面比较宽阔的现代园林道路。另外，随着社会的不断发展，人们游玩现代园林的方式也在日益改变。目前的现代园林理念不仅是让人们观赏到现代园林的景观，而是要融入景观中，例如在现代园林中开展一些娱乐活动，所以说，现代园林的道路设计，一定要考虑到休闲区域规划，这样才能满足不同游客的需求。现代园林道路的合理规划，能够提升游客的观赏体验，同时现代园林道路的设计也要具有特色，要与现代园林景色相得益彰。

现代园林道路的整体布局。现代园林道路的基础组成部分有平面、路口及立面，在进行整体现代园林道路规划时，需要对以上这几个部分进行详细的设计。在进行平面规划的时候，现代园林道路平面布局主要包括有自然曲线以及几何规划这两个形式。在对普通现代园林进行规划的时候，要对现代园林内部的曲折道路进行详细规划，这样不仅仅可以为游客多角度提供观赏现代园林景色的机会，还对景深的延长有明显的效果。在对大规模的现代园林进行规划时，可以将自然曲线和几何曲线进行混合规划，这样就可以保证现代园林景观的错落有致，从而突出现代园林的美景。对于立面布局而言，其主要是根据不同的景点进行功能性的规划，最为常见的就是需要设置长椅、石阶、长凳等基础设施，结合错落有致及蜿蜒的道路设计，能够展现现代园林景观的生动性。路口规划，在现代园林中，最为常见的就是三叉路口以及十字路口，在进行设计的时候，要尽量减少十字路口的出现，而且景点的距离和路口的距离不能太远，才能给游客提供最佳的体验。道路设计的初衷就是为人提供便利，因此现代园林道路的设计始终以游客的角度出发，设计合理的为游客服务的道路。

园路的铺装设计。现代园林道路从具体形式上可分为，特殊型、路堑型、路堤型等类型，根据功能的差异性其铺装设计也具有很大差异。现代园林道路的路基通常选择沙石基层及块料面层，这是一种生态型道路，具有良好的透气及透水性特点，能够的有效补充地

下水，从而促进周围绿化植物的健康生长。现代园林道路进行铺装时，还要与现代园林景观的特征及意境要相融合，并且具有协调性，生态型道路可以自然的过度，能够保证道路及景观的融合性及协调性。另外现在人们越来越喜欢融入自然，亲近大自然，所以在设计铺装时要减少人工雕琢的痕迹，要确保现代园林道路充分的融入周围景色，使游客体验到浑然天成的自然景观。

分析园路与建筑物之间的布局设计。建筑物主要分为外部建筑及内部建筑这两种形式，内部建筑其实就是景观的组成部分，外部建筑则是在现代园林景区周围分布的建筑物。内部建筑，现代园林中的楼阁亭台等建筑都属于内部建筑，其形状和高度都直接影响现代园林道路的设计，要从观赏建筑物的层面出发，尽量不要设计直接贯穿建筑物的道路。外部建筑，目前的城市现代园林景观与城市的生活融合一体，大多数的现代园林景区都临近居民及商业区，因此必须在通往大型建筑物的路口规划广场，可以很好的起起到疏散人群的作用及为游客提供休息的地方，能够防止拥挤的现象发生。

园路与其他元素的布局设计。现代园林景观的两大元素主要是水体及绿植，进行现代园林道路规划时，要充分考虑水体及绿植的关系，进行合理布局，可以促进现代园林及景观的充分融合，给游客仿佛置身于画中的体验。水体，我国的风景园，最常见的元素就是水体，应该在水体的周围规划环绕型的道路，可以将不同区域的景观与水体相互关联，在水体附近要规划宽阔的游步道，方便游客观赏水体景观。绿植，园路景观不能缺少绿植，绿植是景观的重要点缀，绿植还可以使现代园林景观更加深邃，意境更加的丰富。园路与景观的自然融合，满足了游客追求体验自然、参与自然的需求，同时是现代园林的景色更加优美，使现代园林景色犹如画卷。

在不断的扩大城市规模时，人们的生活中接触的景观比较单一，城市的自然景观很少见，大多都是钢筋混凝土的建筑物，人们对城市自然景观的需求越来越大，在高节奏的生活之余，人们更愿意体验大自然，亲近大自然，从而放松身心。因此，在进行现代园林道路设计是要必须严格遵循设计原则，积极的进行设计创新，为游客提供更最佳的观光体验。

第六节　城市时代下的现代风景园林规划与设计

随着城市化进程的进一步推进，环境问题也日益成为社会关注的焦点。人们的环保意识逐渐觉醒，在城市化过程中开始寻求一条既有经济效益也有生态效益的发展之路。而城市的现代风景园林规划与设计就是这条生态发展之路中的关键，它不仅能够改善城市的环境，还有利于实现城市的可持续发展，实现经济效益与生态效益的统一。但目前，城市的现代风景园林建设尚存在许多不足之处，限制了城市的发展。因此，对城市进程中现代风景园林的建设问题进行分析，探究城市生态文明建设的新出路。

随着环境问题日益凸显，国家及各级政府都着力对城市环境进行改造和建设，为城市的现代风景园林规划与设计带来了前所未有的机遇，在一定程度上改善了城市的环境，推动了城市的生态文明建设。但由于各种主客观因素的影响，使我国的城市现代风景园林规划与设计具有较大的局限性，如规划与设计没有创新性，只是一味地照搬西方的模式，或者只是模仿中国传统现代园林形式，没有自己的特色，体现不出自己文化的民族性，造成我国大多数城市的现代风景园林规划与设计大多千篇一律，未能创造出人民群众真正需要的景观环境。

一、现代风景园林的规划设计对城市建设发展的重要性

有效推进城市现代风景园林工程建设。现代风景园林的规划设计就是指在进行城市现代风景园林建设前，由设计者根据城市发展需要的环境需求绘制现代园林工程图纸，制定关于植被类型、施工步骤、技术、器材、地点、管理等方面相关方案的过程。以此来对现代风景园林建设中所遇的问题进行预设并思考解决问题的策略，从而能及时对施工问题做出指导，推进城市现代园林工程的建设。这样通过现代风景园林工程的方案设计与规划，有利于促进项目有目的有计划地进行，提高城市现代风景园林工程的建设效率与质量。

推动城市生态文明建设。在现代城市发展过程中，在经济效益的驱动下，很多城市曾经出现了众多环境问题，如水污染、雾霾等。这些环境问题，让人们意识到了环境对生产与生活的重要性。为了经济社会的可持续发展，人们开始重视城市的生态文明建设，致力于城市的生态建设，而评判一个城市生态建设效果的重要标准就是城市的现代风景园林建设程度。因此，城市现代风景园林规划与设计是否合理，是否科学，直接影响到整个城市的生态文明建设，影响到城市建设中的生态效益，以及城市的可持续发展。所以说，做好城市现代风景园林的规划与设计，有助于推动城市的生态文明建设。

二、现代风景园林规划设计面临的局限性

现代风景园林规划设计植被选择单一。生物的多样性是自然界的基本特征，对城市进行现代风景园林的规划设计就是希望能够达到人与自然的和谐发展，尊重自然的规律、保护自然的原本生态性与城市的自然性、生态性。但是设计者在进行现代风景园林规划设计时，只关注了绿色植物的生态性能，未曾考虑在选用绿色植物时如何保持生物的多样性。所以很多城市的现代园林植物大多千篇一律，植被结构单一，影响了生物的多样性，及现代风景园林工程的整体价值。

现代风景园林规划设计缺乏创新性。一个城市的现代风景园林不仅要体现其生态的价值，还需展示观赏的价值，体现城市文化的价值。但是目前众多城市的现代风景园林在规划与设计方面基本处于模仿阶段，缺乏新意，没有真正地表现城市的个性、地域的文化与民族特性。所以说，现在的现代风景园林规划往往只看到生态的价值，却看不到观赏的价值和城市文化的价值。

现代风景园林规划设计人员的综合素质较低。现代风景园林规划的设计方案是现代园林设计师知识与智慧的结晶。它要求设计师具有较强的环境、生物、地理、美学、设计学等综合知识，对设计师的综合素质要求较高。而现实情况是很多现代园林设计师的专业素质较低，对现代风景园林设计要求的理论学习领悟不深刻，有的设计师因实践经验比较缺乏，设计出来的现代园林设计方案的可行性不强，导致与实际需求出现偏差，缺乏科学性与合理性，严重影响了后期现代风景园林工程的建设。

现代风景园林规划中绿化面积严重不足。随着城市人口的不断增长和对经济利益的追求，人们对住宅空间、商业空间和工业空间的进一步需求，致使在城市中仅存的绿化面积非常有限。如何最大限度地发挥有限的绿化空间的作用，推进城市的生态文明建设，是现代风景园林规划与设计者需着重考虑的问题，也是现代风景园林设计方案中面临的瓶颈。

三、城市时代下现代风景园林规划与设计的改良攻略

选用多种绿色植物类型，完善生物多样性。设计师在现代风景园林规划与设计的时候，不仅要充分考虑现代风景园林对城市环境的重要作用，规划的合理性、科学性，也要考虑现代园林中植被的多样性。可以选择多年生草本花卉与一、二年生草本花卉相结合，乔木、灌木、竹类相结合等不同类型进行合理科学的搭配，体现生物的多样性。同时，还可以将植物融入建筑的设计当中，充分体现人与自然和谐的意境，形成独特的组景效果，体现城市的生态性建设。

综合中西方现代风景园林规划设计元素，提升创新性。纵观每个城市的现代风景园林设计，就会发现更多的是人工雕琢的痕迹，而且城市与城市之间没有什么区别，没有自己的个性与特色。这就要求设计师在进行现代园林规划与设计时，既要学习西方的设计理念，也要融合当地的地方的文化特色。可以在现代风景园林规划设计中加入中国“诗词”元素，少数民族元素等，使现代园林的设计具有地方的特色，呈现出与别的城市不一样的地方。同时，不必对现代园林植被过多地进行人工的雕琢，保持植物的自然性，更有利于体现城市现代园林的生态性，推进社会自然的和谐发展。另外，要提升现代风景园林规划设计的创新性，还可以通过城市绿化带的充分利用来展示，可以采用主题绿化带的形式，凸显城市的生态建设，展示具有自我特色的生态文化。

提高现代风景园林设计师的录用标准。因为设计师的素质关系到现代风景园林设计方案的效果，关系到现代风景园林工程的质量与效果，所以城市的主管部门在招聘现代园林设计师时，要注意选择理论水平较高、实践能力较强的设计师来设计。最终筛选出具有较高理论，操作能力强，具有创新精神的设计师来进行现代风景园林的规划与设计，有利于从根本上提升整个现代园林设计的生态效益，促进城市的生态建设，充分发挥现代园林设计在人们生产生活的生态作用。

合理规划与开发绿化面积，实现绿化面积多元化。在城市发展过程中，能直接作为现

代风景园林的用地是非常有限的。为此，设计者在规划时，一定要善于利用一些小的绿化带、过渡带以及街道旁边的小空地，以及小区、社区周边的护栏围墙进行现代园林的规划设计。当然除了充分利用边缘地带之外，还需要在考虑城市可持续发展的基础上，开发新的绿化地带，创造一定的风景区、现代园林区，实现绿化面积的多元化，丰富现代园林景观的类型。

城市现代风景园林的规划与设计，是城市生态文明建设的关键环节。只有完善城市的现代园林设计方案，才能更好地提高城市的环境质量，创建生态城市，促进人与自然的和谐发展，为人类提供适宜生存与发展的空间。

第七节　现代风景园林规划设计应该注意的问题

随着城市化进程的推进，环境问题也日益成为社会关注的焦点。人们的环保意识逐渐觉醒，在城市化进程中开始寻求一条既有经济效益也有生态效益的发展之路。而城市的现代风景园林规划与设计就是这条生态发展之路中的关键，它不仅能够改善城市的环境，还有利于实现城市的可持续发展，实现经济效益与生态效益的统一。但目前，城市的现代风景园林建设尚存在许多不足之处，限制了城市的发展。因此，对城市进程中现代风景园林的建设问题进行分析，探究城市生态文明建设的新出路。

随着环境问题日益凸显，国家及各级政府都着力对城市环境进行改造和建设，为城市的现代风景园林规划与设计带来了前所未有的机遇，在一定程度上改善了城市的环境，推动了城市的生态文明建设。但由于各种主客观因素的影响，使我国的城市现代风景园林规划与设计具有较大的局限性，如规划与设计没有创新性，只是一味地照搬西方的模式，或者只是模仿中国传统现代园林形式，没有自己的特色，体现不出自己文化的民族性，造成我国大多数城市的现代风景园林规划与设计大多千篇一律，未能创造出人民群众真正需要的景观环境。

一、现代风景园林的规划设计对城市建设发展的重要性

有效推进城市现代风景园林工程建设。现代风景园林的规划设计就是指在进行城市现代风景园林建设前，由设计者根据城市发展需要的环境需求绘制现代园林工程图纸，制定关于植被类型、施工步骤、技术、器材、地点、管理等方面相关方案的过程。以此来对现代风景园林建设中所遇的问题进行预设并思考解决问题的策略，从而能及时对施工问题做出指导，推进城市现代园林工程的建设。这样通过现代风景园林工程的方案设计与规划，就有利于促进项目有目的有计划地进行，提高城市现代风景园林工程的建设效率与质量。

推动城市生态文明建设。在现代城市发展过程中，在经济效益的驱动下，很多城市曾

经出现了众多环境问题，如水污染、雾霾等。这些环境问题，让人们意识到了环境对生产与生活的重要性。为了经济社会的可持续发展，人们开始重视城市的生态文明建设，致力于城市的生态建设，而评判一个城市生态建设效果的重要标准就是城市的现代风景园林建设程度。因此，城市现代风景园林规划与设计是否合理，是否科学，直接影响到整个城市的生态文明建设，影响到城市建设中的生态效益，以及城市的可持续发展。所以说，做好城市现代风景园林的规划与设计，有助于推动城市的生态文明建设。

二、现代风景园林规划设计面临的局限性

现代风景园林规划设计植被选择单一。生物的多样性是自然界的基本特征，对城市进行现代风景园林的规划设计就是希望能够达到人与自然的和谐发展，尊重自然的规律、保护自然的原本生态性与城市的自然性、生态性。但是设计者在进行现代风景园林规划设计时，只关注了绿色植物的生态性能，未曾考虑在选用绿色植物时如何保持生物的多样性。所以很多城市的现代园林植物大多千篇一律，植被结构单一，影响了生物的多样性，影响了现代风景园林工程的整体价值。

现代风景园林规划设计缺乏创新性。一个城市的现代风景园林不仅要体现其生态的价值，还需展示观赏的价值，体现城市文化的价值。但是目前众多城市的现代风景园林在规划与设计方面基本处于模仿阶段，缺乏新意，没有真正地表现城市的个性、地域的文化与民族特性。所以说，现在的现代风景园林规划往往只看到生态的价值，却看不到观赏的价值和城市文化的价值。

现代风景园林规划设计人员的综合素质较低。现代风景园林规划的设计方案是现代园林设计师知识与智慧的结晶。它要求设计师具有较强的环境、生物、地理、美学、设计学等综合知识，对设计师的综合素质要求较高。而现实情况是很多现代园林设计师的专业素质较低，对现代风景园林设计要求的理论学习领悟不深刻，有的设计师因实践经验比较缺乏，所以设计出来的现代园林设计方案的可行性不强，导致与实际需求出现偏差，缺乏科学性与合理性，严重影响了后期现代风景园林工程的建设。

现代风景园林规划中绿化面积严重不足。随着城市人口的不断增长和对经济利益的追求，人们对住宅空间、商业空间和工业空间的进一步需求，致使在城市中仅存的绿化面积非常有限。如何最大限度地发挥有限的绿化空间的作用，推进城市的生态文明建设，是现代风景园林规划与设计者需要着重考虑的问题，也是现代风景园林设计方案中面临的瓶颈。

三、城市时代下现代风景园林规划与设计的改良攻略

选用多种绿色植物类型，完善生物多样性。设计师在现代风景园林规划与设计的时候，不仅要充分考虑现代风景园林对城市环境的重要作用，规划的合理性、科学性，也要考虑现代园林中植被的多样性。可以选择多年生草本花卉与一、二年生草本花卉相结合，乔木、

灌木、竹类相结合等不同类型进行合理科学的搭配，体现生物的多样性。同时，也可以将植物融入建筑的设计当中，充分体现人与自然和谐的意境，形成独特的组景效果，体现城市的生态性建设。

综合中西方现代风景园林规划设计元素，提升创新性。纵观每个城市的现代风景园林设计，就会发现更多的是人工雕琢的痕迹，而且城市与城市之间没有什么区别，没有自己的个性与特色。这就要求设计师在进行现代园林规划与设计时，既要学习西方的设计理念，也要融合当地的地方的文化特色。可以在现代风景园林规划设计中加入中国“诗词”元素，少数民族元素等，使现代园林的设计具有地方的特色，呈现出于别的城市不一样的地方。同时，不必对现代园林植被过多地进行人工的雕琢，保持植物的自然性，更有利于体现城市现代园林的生态性，推进社会自然的和谐发展。另外，要提升现代风景园林规划设计的创新性，还可以通过城市绿化带的充分利用来展示，可以采用主题绿化带的形式，凸显城市的生态建设，展示具有自我特色的生态文化。

提高现代风景园林设计师的录用标准。因为设计师的素质关系到现代风景园林设计方案的效果，关系到现代风景园林工程的质量与效果，所以城市的主管部门在招聘现代园林设计师时，要注意选择理论水平较高，实践能力较强的设计师来设计。最终筛选出具有较高理论，操作能力强，具有创新精神的设计师来进行现代风景园林的规划与设计，从而有利于从根本上提升整个现代园林设计的生态效益，促进城市的生态建设，充分发挥现代园林设计在人们生产生活的生态作用。

合理规划与开发绿化面积，实现绿化面积多元化。在城市发展过程中，能直接作为现代风景园林的用地是非常有限的。为此，设计者在规划时，一定要善于利用一些小的绿化带、过渡带以及街道旁边的小空地，还有小区、社区周边的护栏围墙进行现代园林的规划设计。当然除了充分利用边缘地带之外，还需要在考虑城市可持续发展的基础上，开发新的绿化地带，创造一定的风景区、现代园林区，实现绿化面积的多元化，丰富现代园林景观的类型。

城市现代风景园林的规划与设计，是城市生态文明建设的关键环节。只有完善城市的现代园林设计方案，才能更好地提高城市的环境质量，创建生态城市，促进人与自然的和谐发展，为人类提供适宜生存与发展的空间。

第七章　现代风景园林规划设计的实践应用研究

第一节　GIS 在现代风景园林规划设计上的应用

伴随信息技术的发展，全球进入大数据时代，而 GIS 具有强大的空间分析和数据处理功能，使其在现代风景园林规划设计方面的应用日趋广泛和深入。主要分析 GIS 在现代风景园林规划设计的应用方向以及如何应用。

一、GIS 的相关概念

GIS 系统即地理信息系统（GIS，geographic information system）是集地理学、计算机科学、城市科学、空间科学和信息科学等为一体发展起来的一个学科。

GIS 具有强大的空间数据处理与分析的功能，有利于对获取的空间数据进行空间的查询与分析，从而形成可视化的表达与地图的输出。例如 GIS 缓冲区分析、城市绿地系统现状分析、风景名胜区景观管理数据库的建立等，其分析研究的结果都为景观规划设计提供了可靠依据。

二、GIS 在现代风景园林规划设计方面的应用

用地适宜性评价。目前我国许多现代风景园林工程设计存在不合理的现象，没有综合考虑各个方面的实际情况，对于用地适宜性的评价往往基于数据的叠加，虽然具有一定的客观性，但却无法排除一系列的主观因素。而运用 GIS 技术，可以完全排除用地适宜性主观方面的因素，通过图层分析法对地块的坡度、水文、植被等不同图层进行叠加，可得到更准确的用地适宜性评价结果，使结果更具有参考性。

可见性分析。现代风景园林工程不仅前期的设计施工非常重要，后期的维护与修复也是不可或缺的。通过 GIS 技术中的可见性色谱对设计地块的植物生长情况进行可以预见的分析，从而提高植被的成活率以及减少后期不必要的麻烦。

可达性分析现代风景园林工程设计中的交通因素是一个重要的方面。而 GIS 技术可以

通过对地块周围交通、人流情况等大量数据的构建分析，而为该地块道路交通规划以及基础服务设施规划提供正确的指导。

三维景观的构建现代风景园林设计规划往往采用平面图或者三维静态图，这无法满足现实的需要，也无法让其他人参与其中，达到身临其境的感觉。而 GIS 技术中三维景观的构建就可以很好地解决这一问题。它可以通过 GIS 中 3D 场景模拟，让人在数字环境下更好的直观体验地形以及地块氛围。

提高管理效率。景观管理的目的在于推动景观资源的可持续利用，妥善保护景观风貌并最大限度地降低景观维护的成本。通过 GIS 技术建立景观管理数据库平台，可以对景观信息进行定期和实时的更新，有利于景观信息的分类查询和管理。这样实现了景观资源的一体化管理，对景观资源的合理开发和利用也提供了科学的依据。

三、GIS 技术的特点

GIS 的优势 GIS 具有很强的实用性和综合性，利用 GIS 对大数据进行处理与分析，可以更好地将单一的数据信息与图像信息整合在一起，达到景观可视化的动态模拟，从而更有利于人们分析环境，使得设计能够更好地与周围环境相融合。同时 GIS 可以对地理信息数据构建地理数据模型，使现代风景园林设计有可以依照的参考标准，保证设计的客观准确性。

GIS 存在的问题。我国现有的 GIS 技术集中体现在某一领域或者某一方面，并未得到全面的推广和普及。GIS 本身而言是一门技术，同国外相比，我国发展时间短，而且缺乏相关的技术人员，尤其是相关专业的技术人员。所以我们应该推广 GIS 技术，借鉴国外发展经验，培养相关的专业人员。

同时 GIS 数据本身也存在安全隐患。信息共享是未来社会发展趋势，地理信息数据共享更有利于人们去研究分析，而如何正确处理好这一安全问题也是值得我们去思考的。总的来说，GIS 技术在我国还有很长的一段路要走。

目前，在大数据背景下，现代信息技术在景观设计的方面仍处于摸索阶段，如何抓住这个机会，将其融入行业内的各个领域，是景观设计师的重要任务，因此，GIS 技术在现代风景园林中的应用仍值得我们去探索。

第二节　色彩在现代风景园林设计中的实际运用

现代风景园林是城市建设的重要组成部分，不同类型的色彩设计会给人们带来不同的视觉效果。随着生活水平逐渐提高，人们不再只追求物质生活，同时也在感受着现代风景园林带来的精神文化，对现代风景园林的设计要求也逐渐提高。如何将色彩有效地运用于现代风景园林设计中，增加现代风景园林的层次感与文化感，充分展现出其独特的魅力，是广大现代风景园林设计人员要思考的问题。本文简要分析了现代风景园林设计中色彩的运用原则，并提出了几点实际运用策略，希望给广大现代风景园林设计人员提供参考价值。

优秀的现代风景园林设计能够给人们带来视觉与精神上的良好体验。现代风景园林并不是独立的设计，将色彩技术良好地运用于现代园林设计中，能够提升现代风景园林景观的观赏性。现代风景园林的设计要注意与周围环境色彩充分地融合，把每个色彩充分地协调起来。色彩能够对人们的心情产生一定影响，因此在现代风景园林设计中要注意色彩的设计和实际运用，根据具体的使用背景，将不同色系的颜色合理地搭配在一起，从而给人们带来良好的视觉冲击。

一、现代风景园林设计中色彩的实际运用原则

整体性原则。色彩具有一定的温度感，暖色调会给人们带来温暖的感觉，冷色调会给人们增加寒冷的感觉。在现代风景园林设计中，要保证色彩的整体性，每个色彩之间的过渡要更加自然，体现出现代风景园林设计的层次感与整体性。色彩还具有距离感，人们在视觉上对暖色调与冷色调的距离感是不同的，暖色调会更感觉离人们近一些。因此，在现代风景园林设计中，要根据不同需求合理设计。

统一性原则。在现代风景园林设计中，要保证色彩之间圆滑过渡，不能出现比较突兀的颜色搭配，而且色彩映衬之间还要考虑好主次，体现出现代风景园林的设计理念。根据现代风景园林设计理念，要突出设计中的主次，注意各个色彩之间的搭配，从而体现出更具自然效果的设计气息。

人性化原则。现代风景园林要根据不同场合、不同需求进行设计，保证人性化的设计原则，根据不同使用情况，通过合理的色彩设计，营造不同氛围，以满足人们在不同场合的使用需求。例如在一些比较欢快的活动场所，应当运用红色、黄色等暖色调，以烘托活动现场的气氛；在一些比较压抑的现场，要尽量使用黑色、蓝色等冷色调，以增加沉重感。以人为本的人性化设计原则，是色彩运用在现代风景园林设计中的核心理念，能够更好地满足人们的实际需求。

自然色基调原则。现代风景园林设计中应当以绿色为主，将绿色作为现代风景园林设计的基本色调。一方面主要是由于绿色能给人带来轻松愉快、放松身心、舒缓紧张情绪的作用。人们对于绿色的感知力比较强，将绿色作为主色调，能够将人们拉进大自然的环境中，使人们放下城市中的包袱，真正回归大自然。另一方面，将绿色为主要设计基本色调，增加了城市的森林覆盖面积，净化了城市的环境空气，符合生态可持续发展战略，同时也符合现代风景园林设计的绿色环保发展理念。同时，将绿色这一自然色作为主色调，会给城市打造一个四季如春的感觉，再通过其他色彩的点缀，展现了更具特色和活力的现代风景园林设计作品。

二、色彩在现代风景园林中的运用策略探析

暖色调在现代风景园林设计中的运用。一般情况下常见的暖色调为红色、棕色、黄色和橙色等颜色。将暖色系或与暖色系颜色相近的色彩进行混合，能给人们产生较为温暖感觉的颜色都广泛称为暖色调。暖色调具有波长较长的特征，暖色系的颜色会给人们带来活力和律动。暖色调在现代风景园林中的应用非常广泛，通常会应用在比较盛大的集会场所、重要的庆典广场、城市公路入口处、酒店宴会入口等位置。人们看到这类暖色调后会比较开心、快乐，能活跃气氛，将人们愉悦的心情调动起来。

暖色调在北方地区应用非常广泛。北方地区冬季较为漫长而且比较寒冷，如果能够将暖色调在北方的现代风景园林设计中广泛地应用起来，可以使人们在冬季产生比较温暖的感觉，降低人们身体的寒冷感。但暖色调一般不被应用在交通系统的风景建设中，特别是在高速公路绿化带建设中应避免使用暖色调。主要是暖色调颜色更容易被人们视觉所捕捉，当司机集中注意力开车时，突然看到大量暖色调容易分散司机的驾驶注意力，从而发生交通事故。

冷色调在现代风景园林设计中的运用。冷色调的特征与暖色调基本相反，冷色调的波长较短。相比暖色调，冷色调不容易被人们的视觉所捕捉。冷色调一般包括蓝色、青色、绿色、紫色及与之相近颜色，当人们看见冷色调时，通常会产生距离较远的感觉。因此，冷色调一般应用在比较庄严肃穆的场所，这样会使人们变得更加庄重。

冷色调在炎热的夏季应用比较广泛。夏季气温较高，人们心态比较浮躁，在夏季现代风景园林的设计中加入冷色调，能给人们进行“降温”，使人们产生一种凉爽畅快的感觉，使人们在炎热的夏季更加舒适。冷色调还被广泛应用在现代风景园林的花卉绿地景观建设中，冷色调会给人们一种收缩感，在暖色调的花卉中加入冷色调元素，使整体现代园林景观层次感分明，能够增加现代风景园林的视觉立体感。

对比色在现代风景园林设计中的运用。在现代风景园林设计中，对比色应用也非常广泛。一般情况下，对比色指的是补色之间的对比。补色对比色在颜色的纯度和颜色成色等方面都有较大差别，能够与原色产生较为明显的颜色对比。因此在现代风景园林设计中，为了提升人们的视觉效果，引起人们充分的关注，设计人员都会采取使用对比色。

在现代风景园林设计中，对比色常被用于花卉景观建设中，例如城市花园、广场、节日会场、路边景观等区域。花卉景观经常需要拼出一些美丽的图案和形状，许多花卉景观还要建造出立体和层次感，植物花卉有大有小，在不同颜色的花卉中使用对比色的设计技巧，能够给人们带来形象的视觉冲击。如在红色花卉中加入绿色植物、在黄色花丛中加入紫色植物，这些都是对比色的良好运用。对比色还经常使用在比较有教育、警示意义的区域，例如文化纪念场所，这样能给人们起到一定的提醒作用。

同类色在现代风景园林设计中的运用。同类色是指色差比较小的颜色，这类颜色在色

彩上较为接近，色相性质相同，根据色度的深浅进行区分。比如大红色与朱红色、桔黄色与橙黄色等颜色。同类色颜色之间比较容易调和，能够很好地协调在一起，会给人们产生一种层次感和空间感。

在现代风景园林设计中，同类色的使用比较广泛。例如在一些城市风景设计中，在花卉设计中使用同类色，在人们的视觉上产生一种比较柔和的视觉效果，不会给人们带来比较突兀的感觉，让颜色比较平滑地进行过渡，使颜色变换更加协调柔和。在一些现代园林设计中，一般以绿色基调为主，包括树林、绿地、碧波荡漾的湖水、绿色基调的建筑物等。一般会采取深绿色、浅绿色、茶绿色、苔藓绿等颜色，将这些颜色完美地融合在一起，给人们一种静谧、舒适的感觉。

金银色与黑白色在现代风景园林设计中的实际运用。金银色与黑白色一直被广泛地应用在城市现代风景园林设计中。金银色很少应用在古典形式的城市现代风景园林建设中，它大多被使用在现代城市现代园林景观建筑中，这样的颜色搭配会给人们带来比较明显的视觉冲击。严格上来讲，金银色是将暖色调和冷色调相结合，金色代表了暖色调而银色代表了冷色调，这样一类色彩一般作为城市现代风景园林中景观小品、围栏栅栏、城市雕像等方面，例如一些铜和合金材料等。这样的色彩搭配会使建筑物与周围的环境景观色彩产生比较明显的呼应，突出了金银色的色彩质感。

黑白色多用在南方水乡等地区，特别是在围墙风景景观设计中应用最为广泛，这样的设计手法会使建筑物与周围色彩斑斓的环境颜色产生明显的对比，突出了建筑的端庄高雅，给人们的视觉效果产生一种神秘、宁静的感觉。

三、色彩在现代风景园林设计中的具体运用实例分析

色彩应用在现代风景园林设计中的优秀实例非常多，这里以“纪念中国人民抗日战争胜利七十周年”庆典为例。这个庆典是是令人印象深刻的，现场人们都被《1949 ~ 2015》主题花坛所吸引，人们纷纷驻足合影留念。两个主题花坛共占地 3000m2，摆放了 10 万余盆花卉，花卉被整齐地排放在人民英雄纪念碑旁上，花卉颜色五彩斑斓，整个景观以长城烽火台为主要景观，象征着中华民族屹立不倒。底部由各种花卉、松柏拼接构成，首先映入眼帘的是 1949 年份和 2015 年数字景观，在 1949 年份景观上飞翔着一群和平鸽雕像，象征着中华民族爱好和平的象征。在景观中间安排了“炫秋”和“重阳”黄色和红色与五星红旗相呼应。在这个景观设计中，各个颜色交相呼应，红色、黄色、绿色应用的非常合理，整体效果明显，能够充分引起人们的注意，同时这种强烈的暖色调也与整个庆典现场的热烈气氛相呼应，完整表达出了设计理念。

在现代风景园林设计中，要通过优秀的色彩设计体现出城市文化和城市内涵，有助于城市文化的建设，树立良好的城市形象。在设计过程中，要结合实际情况，从设计整体角度出发，注重对色彩的掌控，在展现现代风景园林设计艺术效果同时要将不同颜色的植物

进行合理搭配，做到设计理念与城市发展相吻合，通过进行色彩的拼接与设计，体现出现代风景园林的设计理念和主题思想，充分将现代风景园林的整体设计效果立体化展现在人们眼前，实现人与自然的和谐发展。

第三节 现代风景园林设计中计算机辅助策略的应用

随着城市建设的不断发展，现代风景园林设计受到越来越多的重视与关注，对于现代风景园林设计的创新和研究层出不穷。计算机辅助技术作为新兴产业的代表，其与现代风景园林设计相结合，能够产生非常好的效果。计算机技术在保留现代风景园林设计美学特点的同时，能够加入科技元素，让设计更加具有科学性和高效性。

近几年，随着计算机技术的蓬勃发展，计算机辅助技术在现代风景园林设计中的应用越来越明显。计算机技术有着天然的优势，如科学性、精确性、稳定性等等，这些对于现代风景园林设计的创新与发展都有非常重要的促进作用。本节将从现代风景园林设计中现存的一些问题、应用计算机辅助策略的必要性、主要应用方向以及一些现存问题的解决方法入手，探讨计算机辅助策略在现代风景园林设计中的应用。

一、现代风景园林设计现存的一些问题

城市建设的稳步推进，为现代风景园林设计创造了很好的舞台，使得现代风景园林设计拥有了更加广阔的发展前景，但是，总体分析现阶段的现代风景园林设计行业现状，还有一些问题亟待解决，主要包括以下方面：

其一，现代风景园林设计的工作量巨大，传统方式不能适应这些工作量要求。随着现代风景园林设计的发展，我们对于城市规划、现代园林设计的需求已经从之前的居住、观赏，慢慢演变成易用性和兼容性。在现代风景园林设计过程中，我们需要进行城市地理环境分析、植物景观品类分析、流体分析、空间分析、资源配置、交通分析等，这其中涉及的门类繁多，并且分别牵连不同行业领域。对于设计师的地理、电力、交通等专业领域的水平都提出了新的要求。一方面，要求设计师具有非常丰富的相关专业知识，能够应对不断增加的现代风景园林设计需求；另一方面，繁重的设计需要多套系统的分别设计规划与整合。仅仅凭借传统的现代风景园林设计方式，已经不能应对这么复杂多样的工作类目，需要引进新技术。

其二，现代风景园林设计过程耗材严重。一个现代风景园林设计案例，需要经过构思、场地考察、场地各因素分析、各相关系统设计、初步整合与讨论、分析与优化、用户反馈、修改提交、用户定稿等一系列过程。每一个环节都需要非常多的耗材支撑，包括图纸设计中的纸笔损耗、用户交流过程中的交通损耗、系统设计过程中的建材损耗、模型建筑中的

材料损耗等等，这些损耗加在一起，也是一笔不小的设计费用。在提倡环保节约的今天，这种高损耗的设计活动，不仅浪费设计资金，也不符合社会大环境对于现代风景园林设计行业的要求。

其三，修改不方便，交流困难。传统的现代风景园林设计案例中，我们多是采用纸质材料进行绘图设计，采用模拟现代园林材料进行模型建构。不论是纸质图纸的绘制，还是模型的建构，都非常耗费设计者的时间和精力。而且，设计过程中对于精确性的要求，会让设计者花费更多的时间去审阅和修改设计稿。而在交流过程中，由于材料的限制，必须要将设计的模型成品搬运到交流地点，有任何一点需要改动的地方，模型就需要翻新重做。这是非常巨大的工作量，不仅需要设计者超强的个人品格，还需要非常出色的数据感知能力。在交流方面，传统的现代风景园林设计方法给设计案例的交流与修改造成了非常大的阻力。

二、计算机辅助设计的优点

计算机技术的蓬勃发展，为各行业的发展提供了崭新的方向和途径。计算机辅助技术应用于现代风景园林设计，主要有以下一些显著优势：

首先，计算机辅助技术更加强调数据，突出设计的科学性与准确性。以往的现代园林设计中，什么样的场景适合用什么样的模型，主要是依靠设计者的经验来决定的，而利用计算机辅助技术，这些选择都可以由计算机技术帮忙实现。其通过对环境的系统分析与综合考量，将每个环节的每一个元素精确定位，并为之选择最为合适的尺寸，这是之前的传统设计方式做不到的。

其次，计算机辅助设计更便于设计方案的交流和修改。利用计算机辅助设计，现代园林设计的方案不再需要使用纸张、耗材进行制作，利用各大软件对设计的不同阶段进行设计制作，大大简化了设计操作的难度。设计软件简化了设计操作，保证设计准确性的同时，也可以完美反映设计者的设计方案。利用软件进行模型建设，省去了在交流沟通过程中运输模型的麻烦，让交流变得更加简单便捷。

另外，计算机辅助设计节能环保。传统的现代风景园林设计中，我们需要用纸笔进行图纸制作，用设计材料进行模型制作。这些材料成为现代风景园林设计过程中很大的一笔开销。设计本应该是从理念到实际的过程，但由于当时技术的限制，现代风景园林设计只能采用传统的工具进行。计算机辅助技术的引入，解决了这一问题。

三、计算机辅助在现代风景园林设计中的主要应用方向

现代风景园林设计发展至今的一些问题，譬如耗材严重、交流困难、注重感性轻视工学思维、工作量日益增大等，都可以用计算机辅助技术得到完美解决。计算机辅助策略因其原本所具有的科学性、高效性、易用性等特点，在现代风景园林设计中有非常广阔的应

用空间，主要包括以下几个方面：

首先，现代风景园林设计教学方面，计算机辅助技术可以作为教学辅助。计算机可以为学生呈现他们无法直接现场感受的现代园林设计案例，让学生对现代风景园林设计有宏观认知；可以将现如今行业大咖的设计理念讲解穿插于教学过程中，丰富课堂内容的同时，提升学生的学习兴趣；可以让学生掌握现代风景园林设计的必备计算机技能，保证学生在之后的学习工作过程中有扎实的行业基础。

其次，现代风景园林设计场地分析。实际现代风景园林设计过程中，场地分析是进行现代风景园林设计的第一步。只有对设计现场的情况进行全方位的了解，熟悉场景的资源配置、风情气候、环境等各方面因素，才能进行方案的设计。这些都是现代园林设计之初必须要仔细掌握的一些因素。但是，设计的目标点并不一定非常易于达到，而且个人的探测并不能很好地描绘目的地现场的综合情况。GIS 系统和 GPS 系统是场地分析过程中非常重要的两大系统。GIS 系统是综合地理分析系统，该系统主要是利用空间分析技术，对设计目标的现场水流、坡度、坡向等专业的地理信息，以及植被覆盖情况、空间树木情况等进行分析的系统。在进行设计之前，查阅 GIS 系统，能够方便直观地了解场地的综合情况，有利于进一步的评估和设计。GPS 系统是全球定位系统。随着计算机技术的不断发展，GPS 系统已经从单纯的全球定位，开始向多样化方向发展。其不仅能够直观反映风土地貌，还能够记录当地的交通情况，对于场地的地理分析和交通情况分析有重要作用。

另外，设计图纸的绘制和制作。设计图纸的绘制一直都是现代风景园林设计专业的基本功。最初的现代风景园林设计图纸，主要依靠设计者手绘完成，不仅要考量设计的合理性，还要保证数据的准确性。现今，CAD 绘图制作已经慢慢进入大众视野，计算机绘图技术，省去了手绘制作不准确的烦恼，节省了绘制过程中的人力物力，而且计算机绘图也更加方便传输与保存，在交流等方面都有了非常大的改善。

最后，随着计算机绘图技术的不断推进，在现代风景园林设计的其他各个阶段，计算机应用软件都有着非常出色的表现。我们一般利用 CAD 进行图纸的绘制，在线稿审议通过之后，将其导入模型制作软件，如 3D MAX，将平面的设计立体化，并将材质、颜色等都体现在模型中。除此之外，还可以利用专业软件进行光线制作、场景模拟等等。在交流阶段，由于所有的模型都是利用计算机技术进行数字建模，交流就变得十分方便，并且可以着重放大一些关键组件，直观体现设计的优点，方便后面的交流与修改。

计算机辅助技术是计算机技术发展的产物，将其应用于现代风景园林设计，具有非常多优点。它具有科学性与准确性，能够简化设计流程，节约耗材，方便交流等等。在现阶段，计算机辅助技术主要有 GIS 系统、GPS 系统以及计算机辅助应用软件等等，这些都极大地便利了现代风景园林设计，但在应用过程中，也暴露出了一些问题，需要在以后的探索实践中慢慢解决。

第四节　现代风景园林设计中植物造景的具体运用

随着我国经济不断发展，人们的生活质量不断提高，追求更高的生活环境以满足精神的需求，而现代风景园林技术满足了大众的要求，其中植物造景作为现代风景园林设计中的重要组成部分，发挥着至关重要的作用。本节通过对植物造景进行简单概述，分析现代风景园林设计中植物造景存在的问题，针对性地提出了相关策略，促进现代风景园林设计的可持续性发展。

我国城市化的进程不断推进，城市作为人们的集聚场地，越来越重视对植物场所的需求，植物不仅可以给大众提供观赏的作用，同时也可以绿化环境，提高生态效应，实现人与自然的和谐相处。而在进行现代风景园林设计时，要实现植物造景的实用性和美观性的协调统一，用其艺术效果带给大众精神上的体验，丰富观赏者的内心世界，更好的推动现代风景园林设计行业的发展。

一、植物造景概述

植物造景是指在现代风景园林设计过程中利用植物资源进行创造性设计，将现代园林打造出艺术化效果。在进行植物造景时要坚持自然、合理、协调的原则，首先，现代园林设计师在开展工作之前要以不破坏自然并且和自然和谐相处为基础，在保证自然资源不被损坏的情况下，运用创新理念打造出精美的景色，实现植物造景中自然的效果；其次，现代园林设计师在面对物种的选择时，要考虑到当地的气候等状况，同时也可引进其他地区的物种，但都要以具体情况具体分析为基础，构建出多元化的现代园林，以期达到更好的满足现代风景园林景观效果；最后，要注意自然和当地人文之间的协调，在进行设计时要考虑到当地的人文特色，创造出当地人喜闻乐见的现代园林景观，同时也可通过对比等方式选择出最适宜本地环境的物种。通过植物造景的艺术手段，构建出现代园林的观赏，环境和建造功能，营造出舒适且美观的现代园林环境，陶冶观赏者的情操，满足大众的精神需求。

二、现代风景园林设计中植物造景的现状分析

应用不够合理。植物的正确选择和使用是进行植物造景工作的首要前提，现阶段的植物造景通常使用单一的模式开展工作，主要体现在植物种类，使用过程和组合效果三方面，首先，选择的植物种类过于单一，无法实现植物造景的艺术感和多样性；其次，在选择过程中没有深入考察本地环境特色，缺乏与实际生活相结合，最终导致生长出来的植物与预想的不统一，造成不佳的效果；最后，用单一模式进行组合，使最终成果过于生硬，无法

达到各方面的协调统一。

忽略生态环境。进行植物造景要坚持自然的原则，但是现如今的植物造景工作出现破坏生态环境的现象。一方面，为了追求创新设计，引进国外的珍贵物种，可能会出现打破生态环境平衡的现象。在现代风景园林设计过程中，如果只是一味追求造型上的美观，不仅没有达到与自然和谐相处，甚至还破坏自然生态环境；另一方面，在进行现代园林景观设计过程中，并未结合当地实际情况来进行植物造景，这样不仅会影响当地植物的生长，而且还会破坏现有的生态平衡，影响现代风景园林设计的整体效果。

文化融合较少。植物造景要与当地的文化特色进行统合，体现出当地的特色，并满足当地人的审美需求。但现阶段有文化风格单一和偏离两大主要问题。一方面，在进行植物造景工作中，由于设计师单一的设计风格，为尽快完成工程获得经济效益，没有深入了解当地文化特色，只是进行单一化设计，丝毫没有体现出植物造景的当地形象；另一方面，有的植物造景不但没有和当地人文特色进行融合，甚至会出现偏离当地特色的现象，导致整个景象出现一种格格不入的感觉，无法满足植物造景的精神需求。

三、现代风景园林设计中植物造景的具体方法

时空变化。重视植物造景中的时空变化是打造最佳效果的必然要求，各种植物的生长规律大不相同，设计师要对植物特性进行深入了解，在其生长过程中做到动和静相结合。“静”指的是植物的生长规律和习性保持不变，而“动”则是指植物在成长过程中受到多种因素的影响，展现出的最终状态会各有不同，实现静中有动和动中有静的协调统一。同时，各种植物在其形成过程中也会带给大众不一样的感觉，春天展现茁壮成长的韧性，而夏天展现出婀娜多姿的状态，满足人们精神上的诉求，让大众欣赏到真正的自然美景。

独立景观。独立景观就是在不同的品种下运用不同的设计原则，主要体现在以下几个部分。首先，在进行树丛的植物造景的工作中时，要坚持色彩和形状的层次感，展现出数目的错落有致，为其生长提供自由的空间，为观赏者营造出真实的自然生长状态；其次，运用花坛进行结构上的装饰，在门口或道路两侧进行装饰，不失植物的仪式感；最后，孤植树可作为独立景观来开展工作，体现出视野的辽阔和空间的合理化设计。

多样结合。将植物和景观进行结合来实现空间的整体感，主要通过与山，水和建筑之间的结合来凸显。第一，将植物造景与水结合起来营造出水中倒影的美景，带给大众艺术化的体验；第二，与山体结合时，保证二者之间的协调统一和互相衬托；第三，自然美和建筑美的有效结合，不仅可以减弱建筑的生硬感，同时也可体现出整个环境的生命力。

几何错觉和透视变形。合理运用几何错觉也是在进行植物造景工作中的一项重要任务，达到多样化角度和视觉体验的目的。在进行植物之间的结合时，充分使用几何错觉和透视变形，不仅可以满足观赏者的精神需求，同时也增强了整个现代园林的艺术感。

综上所述，植物造景在进行现代风景园林设计中发挥着重要的作用，在现阶段的工作

中，出现了应用不够合理，忽略生态环境和文化融合较少的问题，这就需要进行多方面工作的修正，通过时空变化，独立景观，多样结合，几何错觉和透视变形来实现对植物造景工作的完善，在其过程中，要始终坚持以自然、合理、协调为原则，增强植物造景的艺术感，满足大众的精神需求。

第五节　现代风景园林规划中生态规划的应用

随着社会的发展，现代风景园林规划建设越来越受到重视。如今，现代风景园林规划中需要重点加强生态规划，从而才能实现人与自然和谐相处，促进可持续建设发展，因此未来应继续对相关方案做出全面优化处理，最大限度地提升规划合理性，从而才能在未来发展中取得更好发展效果。

一、现代风景园林规划中生态规划的重要性

城市景观生态规划不仅可以提高土地利用率和各种资源利用率，还可以在一定程度上减少建筑对自然环境的破坏。城市景观的生态规划设计对城市的社会发展也具有重要意义。通过对我国经济的发展和环境的有效保护，也可以有效地促进我国自然资源的利用。严格按照以人为本的发展路线，在我国城市社会经济发展中也发挥着十分重要的作用。

二、生态规划在现代风景园林规划中的基本原则

保持生态平衡。在园艺设计过程中，有必要在保护自然环境的基础上合理规划和安排现代园林的生态构成。规划单位全面考虑区域生态环境，为城市带来自然生态，创造良好条件，促进自然更新，不破坏原有结构，保障城市生态平衡。

坚持以人为本。在现代园林景观设计的过程中需遵循以人文本的原则，从而能更好为人们提供好的居住环境，促进人与自然和谐相处，进一步缓解人们的生活压力。

保持物种多样性。在景观设计中，生物物种着重强调景观设计的意义。因此，在景观设计中，为了提高人工生态系统的稳定性和生存能力，有必要丰富生物多样性，并在生态设计中形成尽可能多的生物联系。

三、现代风景园林规划中生态规划的应用

合理规划，确保管理科学性。只有保证规划的合理性，才能取得良好的施工效果，设计前必须对景观环境、地质及人文经济条件进行综合调查。结合城市的具体情况和总体布局，合理规划景观建筑，尽量选择乡土植物，提高成活率，兼顾建设的合理性和经济性。

结合城市特点，展现现代风景园林特色。中国不同的城市都有自己的文化特色和丰富

的文化遗产。因此，在景观设计中，应将文化融入其中，灵活配置地方景观要素和地方特色。因此，通过拉近城市与人们内心的距离，观众可以感受到城市的人文内涵，加深对城市的理解。

重与保护原有的自然生态系统。

（1）利用好原有的乡土资源。为更好保护原有乡土资源，需要做好以下方面：①充分利用当地资源。乡土植物比较容易适应当地的大气生态环境，也有自我保护的作用。②根据生物多样性原理，尽可能模拟自然群落的植物配置。物种多样性主要反映了物种在群落和环境中的丰富度、均匀性和动态稳定性，群落结构越复杂，整个生态系统就越稳定。因此，在自然景观建筑的植物配置设计中，必须保持物种多样性，真正实现生态环境的建设。

（2）尊重自然环境下的生态布局。在现代景观建筑的设计过程中，每一位设计师都必须尊重原始生态环境下的生态布局。作为景观建筑的设计者，我们在设计过程中应保留山、水、地貌等原始自然特征，并在原始自然特征的基础上进行修改，这样可以在一定程度上降低设计成本。既能保持原设计的美观，又能避免施工过程中对自然生态环境的破坏。

（3）加强生态修复设计。生态修复设计也就是在现代园林景观设计中，注重对自然生态的修复。工业化发展给环境带来的污染越来越严重，人们需采取有效措施进行自然生态的修复。现代风景园林设计将生态修复设计理念融入现代风景园林，使现代风景园林既具有自然的观赏性，又有着生态修复的功能。

（4）协调发展。城市地理位置不同，气候环境和生态条件也不同。在景观生态设计中，必须实地调查城市规划和发展的现状，熟悉气候和气象条件，建立适合城市环境特点的现代园林规划方案，同时兼顾城市人文和历史特点，保持现有城市的文化背景，呈现多元化发展。

现代风景园林规划要点。迁安市三里河生态廊道，位于河北省迁安市城区东部，为迁安市城市绿道（山水融城绿道）的一部分。三里河是迁安的母亲河，承载着悠久的历史文化。三里河生态廊道依托三里河水域建设而成，全长13．4km，宽100-300m，于2009年建设完成。廊道连接沿线景观节点，为迁安市民提供了一条以休闲、游憩、健身为主要目标的绿色通道，是城市与自然完美结合的文化休闲型绿道。

（1）提升空间的趣味性和益智性。在该案例中健身空间、儿童活动空间、广场空间都使用者停留的场所，但是因为景观小品和各种器材设置都是千篇一律的，缺乏相应的创新性。为了进一步激发使用者的参与性，需要重点加强外观设计，同时提高各个性能。设备和场地应激发用户的想象力，增强空间的趣味性和挑战性。如景观素描、服务设施可整合、多功能、移动化设计；儿童设施和建筑设备摒弃简单的购买模式，通过具体的设计进行智力和体能的双向开拓。

（2）重视特殊人群的空间使用特性。就目前的情况来看，在城市中会有很多身患疾病和残疾的人群，他们业余时间多，因此也成了空间使用非常重要的组成部分。但是，三里河生态走廊适合休闲娱乐，缺乏设施。因此，有必要开发一个多功能空间，以满足特殊群体的生理和心理需求，安装感官植物区，盲障区，植物理疗园等。

(3)突出基础设施的特色性。良好的空间需要在功能和视觉方面满足更多用户的需求，因此不仅需要实现景观草图和服务设施的功能，还需要形成优化加强导卡，宣传栏，通过座椅等统一设计，形成了良好的环境，结合各个空间的特点，填充空间，增添了有趣的雕塑设计。

简而言之，景观规划，文化背景，人文环境和自然地理都会给它带来特定的影响。规划单位考虑生态因素，有效调整与生态，资源，环境的关系。用于生态规划在景观规划建设中的应用

第六节　海绵城市理论在现代风景园林规划中的应用

改革开放发展至今，人们为了大幅度加快经济发展速度，扩张城市发展建设，提升国民生活水平，在发展前行过程中一味地追求发展速度，而忽视了对于自然环境的保护，以至于社会经济发展至今，虽然社会经济和国民生活品质得到了显著提升，但大量的环境污染及自然灾害问题频繁出现，严重影响了人们生存质量。为了能够实现在不影响经济发展及城市建设的情况下，维护原有的生态环境，并有效修复已被破坏的生态环境，为人们提供健康舒适的生存环境，海绵城市理论这一新兴理念被提出，并且由于该理论能够有效解决城市生态水资源问题而备受关注。分析了海绵城市的概念和作用，探讨了海绵城市理论在现代风景园林规划中的应用，并基于海绵城市理论，提出了提高现代风景园林规划水平的措施。

现阶段，城市建设发展中水资源紧缺或强降雨导致城市内涝频繁发生，导致该类情况发生的原因是由于该城市并未建立一套健康的水生态系统，而海绵城市理论这一科学理论的提出将有效解决这一问题。因此，为了实现城市可持续发展，解决水资源对城市建设造成的困扰与危害，各城市已陆续开展海绵城市建设。现代风景园林规划作为海绵城市建设中的一个起始点，结合现代风景园林规划与海绵城市理论，构建优质生态环境的同时，实现水资源的高效利用率。将城市建设与生态环境保护相结合，创建绿色生态城市，为人们提供更优质的生存环境。

一、海绵城市的概念

海绵城市即比喻该城市如同海绵一样，具有较好的“弹性”，可以较好地适应环境变化及自然灾害等情况的发生带来的冲击。当地域出现大量降雨时，能够有效吸收、储备、渗透、净化降水，补充地下水及调节水循环；当该地域出现干旱缺水的情况时，可释放存储的水资源，使其可以被高效利用，进而提升水资源应用与储备效能。海绵城市建设强调

绿色、环保、生态化，实现地质“弹性”与城建设施“刚性”两者相结合的新型城建规划。

二、海绵城市的作用

保护原有生态系统。海绵城市建设可通过对自然河流、林业、草地等海绵体的运用，有效提升城市水资源储备，使该地域原有的水循环系统维持不变，避免水资源的大量使用及消耗，从而影响该地域原有的生态系统。

修复生态环境。传统城市建设受环境、经济及技术的限制，为求城建效果，而不可避免地破坏生态环境，而海绵城市建设将会有效修复已被破坏的生态环境。

构建新海绵体。在城建中，将海绵城市理论与新型开发技术及设备相结合，构建新的海绵体，并在城建中规划掌控城建开发强度，缩减城市不透水面积，利用新海绵体的应用，将城建开发对城市水循环环境的破坏值降至最低。

三、海绵城市理论在现代风景园林规划中的应用

现代园林道路规划设计。在现代园林道路规划设计中引用海绵城市理论，以保护生态环境为设计宗旨，结合现代园林道路的实际情况进行合理规划。规划现代园林道路时需要注意以下四点:（1）设计现代园林道路时，可利用环状路网中的折线、曲线、环状线的搭配，替换原有传统设计中的直线路线，并在路线中设置间隔式绿化带，利用绿化带所占用的设计面积满足排水需求。（2）有效利用分散、连续且高密度的绿化植被替换道路两旁原有的、排列整齐的、绿化性质的树植。（3）选择路面材质时，选择渗透性好且具有改善雨水水质及消纳雨水径流量功能的施工材质，以此满足海绵城市设计理念。（4）在进行现代风景园林规划时，利用草皮、木屑、碎石、鹅卵石等天然的、透水性能较好的材质进行装饰性道路设计铺装，为现代园林道路设计增添美感的同时，利用材质的透水性，实现海绵城市设计理念。但由于该类材质的附着性较差，会给后期修缮及养护增添负担，因而只适用于小面积的装饰性设计。

现代园林水景规划设计。现代园林水景，如河道、人工湖的设计能够在既保障现代园林美化的同时，还能起到储蓄雨水的作用。以往的现代园林水景设计，往往会将池壁及池底固态物质化，使得整个人工湖维持在静止封闭的状态下，为现代园林水景管理及养护提供便利。但却将水资源停滞在独立封闭的环境中，使池内的水资源无法有效与自然界中的水资源进行交换与渗透。使得现代园林水景的存在，变成仅在降水充沛的雨季时才能发挥其作用的蓄水池，当雨季过后，其他时节该水池为满足水量需求，还需要通过人工注入自来水维持水量，浪费了大量的水资源。而在现代园林水景规划设计中引入海绵城市理论，则会有效避免水资源浪费现象，规划设计时可依据施工现场地形地貌情况，结合海绵城市理论，在低洼处进行现代园林水景规划设计，利用有利的地势形式，使雨水自然而然地流向低洼处并进行汇聚，进而流入现代园林水景规划河道或湖泊中。同时，在对池壁、水岸、

水底进行设计施工时，还需要使其保有渗水功能，使雨水通过人工湿地、人工河岸及河道的设计，实现水质的过滤及净化，使水资源的使用效率得到有效提升，如此便可呈现出海绵城市的优势及实施目的，使城市建设及自然环境共同向优质方向协同发展。

现代园林建筑物的规划设计。建筑物的应用也能有效发挥海绵城市理论的特性，通过对施工地形及地貌的考察，将地形设计与建筑物设计有效结合，使雨水能够通过地形及建筑物的结合性设计，构建出一条雨水收集及循环使用的运行系统。遇雨季时，下落的雨水经由建筑物的管渠进行收集，并利用管渠的设计与排列，将收集后的雨水引入具有过滤功能的水槽中。利用水槽中的砂石与鹅卵石等材料过滤水质，而后将过滤后的水资源引入蓄水池，以备后期使用，或将过滤后的水资源用于植被灌溉，用以减少植被灌溉所需要的耗水量。

现代园林绿地规划设计。基于海绵城市理论，应结合施工设计地势地形的特征进行现代园林规划设计，尽量减少对于原有生态环境形成的地质、地势的改变，尽可能保留原有的生态形态及地质地貌。因此，应有效利用原有地势地貌所形成的凹陷及走向，将自然形成的凹陷处设计为蓄水池，利用凹陷走向，建立隐形的水渠，使雨水通过自然形成的凹陷型路线进行汇流。在公现代园林地规划中，为保障绿化施工面积，构建优质现代园林，现代园林规划设计时会设计大面积的绿地，应结合绿地种植植被根系生长及分布情况，并在设计时注意现代园林植被与水塘的分布及排比，尽量使得植被的种植分布呈现出围绕式的形态，以便于植被摄取水分。同时，还需要注意景观布置中凹陷处水流通道与地下管网及排水口位置的设计与计量，避免因设计计算失误导致植被生长及水资源应用受阻。因此，为了保障海绵城市理论的有效实施，现代园林绿地规划设计应着重注意配比。

四、基于海绵城市理论的现代风景园林规划

引入生态系统服务手段。现阶段，随着人们对于生态环境重视度的逐渐提升，使得现代风景园林规划项目也随之兴盛起来。现如今，现代风景园林规划面积不断扩张，越来越多的科学理论被运用其中，如生物学、生态学及群落生态学等。人们通过种植绿化植被、水生植被、地域专属性植被吸引野生动物，利用野生动物与植被间的特殊联系，维持该地域的生态平衡。同时，有效利用生态平衡创建优质环境，进而提高人们生存的生态环境质量。

落实生态环境保护。为了有效落实海绵城市理论，应注重原有生态环境的保护，避免因过度人为操作导致现代园林生态环境受损，应从细致处着手，如施工材料的选择、现代园林风景规划的方式、种植植被的选择及种植方式等，皆应从保障现代园林生态环境为出发点进行专项性选择。同时，还应充分了解现代园林植被的生态习性，并根据植被习性定期进行浇灌、修剪、养护等养护管理。

提升绿化景观效果。基于海绵城市理论规划现代风景园林时，应着重关注景观绿化效果，尤其需要特别关注园区内湖泊、水道的水质问题，避免水质污染影响现代园林整体生

态环境，应定期清理湖泊、水道内的垃圾，以保障水质，降解污染。另外，还需结合城市生态系统，建立地下集水区域及水循环系统，利用相关技术及设备净化集水，并将净化后的水资源进行二次利用，可用于植被浇灌，以此提高水资源使用效率，最终实现水资源的有效节约。

在现代风景园林规划中应用海绵城市理论，可有效实现生态环境与人文生活的优质结合，既能满足美化城市建设，又能为城市生态发展做出贡献。因此，应深入了解海绵城市理论宗旨，并在规划设计中将其贯彻实施，利用现代园林规划设计与海面城市理论的有效结合，为人们创建出更加优质的生活环境。

第七节　乡村景观在现代风景园林规划与设计中的应用

现代风景园林规划是城市建设中重要的一个环节，它不仅仅是单纯的现代风景园林规划，更重要的是一种生态美好的体现以及美的享受。随着我国各项工作深入地区、深入乡村，现代风景园林设计规划理念也被引入乡村，以提高乡村景观的建设，并且随着现代风景园林设计规划深入地加入到乡村景观中，一方面有利于乡村景观的美化与发展，另一方面是促进乡村其它各方面的发展。乡村有着纯朴真诚的美感，本节论述了乡村景观在现代风景园林设计规划中的具体实施措施以及发展好乡村景观的重要意义。

随着人们物质生活和精神生活的提高，人们对生存环境的状态以及美观的要求也越来越高，逐渐开始重视自己生存环境景观的发展状态。而在我国的城乡比例中，乡村占有的比重要更大一些，我国快速的发展也给乡村带来的巨大的机遇与改变。乡村纯朴、自然、真诚等特质，给现代园林景观设计者带来了广阔的想象空间与发挥空间，既展现了乡村景观的特色，也充实了现代园林景观的设计空间。

一、乡村景观的具体含义以及特征

乡村景观的具体含义。首先，乡村景观主要是以田园风光为主的自然景观，展现的是人与大自然和谐的关系，是人们在长期的劳作之中，与大自然产生的一种自然景观。人类在生产发展农业的时候，不可避免地接触到自然，影响到自然，而乡村景观则是在其中产生的人与自然和谐并且平衡的状态。乡村中的许多景观，例如建筑、风俗、田园等无不体现出人与自然和谐的关系，当然乡村景观不仅仅包含乡村的建筑和田园，也包含着乡村的高山、清澈的河流、乡村的地势、山川、树木等，这些都是构成乡村景观的重要组成部分。

乡村景观的特征。乡村景观区别于城市景观，有着与众不同的特点，并且不同的乡村之间也有着各自不同的特色。以下是一些差异性的特征：

地域不同造成的乡村景观不同。由于我国地域辽阔，各个地区地势、地形以及温度气候的不同，各个乡村都有着自己独特的特点，有着与众不同的生活方式与风俗习惯，因此，也就造成的乡村景观既是相同的也是不同的，不变的是其纯朴亲近自然的特点，不同的是由于各自不同的风俗习惯以及地势气候等，进而形成了各自的特色景观。

生产的作物不同造成的乡村景观不同。对于乡村来说，最必不可少也是乡村人民赖以生存的就是土地。而地势辽阔的我国，有着各式各样的土地，例如黑土地、红土地等，由于土地所含有的营养成分不同，其生长的农作物也是各具特色，不同的农作物适应不同的土壤，因此耕地的不同，所种蔬菜作物不同给乡村景观的发展带来了不同的特色。

各地区有着各自的审美方式因此造成的乡村景观不同。明显与城市不同的是乡村景观所产生的原因大部分是由于自然环境所造成的，只有小部分可能是人为干预。而对于城市景观来说，大部分的景观源自于设计师之手，是人为想象创建出来的，而乡村景观相比于城市景观的优点则在于，其自然性以及环保性更加的符合现代人的审美方式，人们对于环保绿色的发展模式愈发重视，审美观的改变也造成了人们对于更加贴近自然的乡村景观的喜爱，另外加上不同地域造成的风俗习惯不同，乡村景观融合了其特色，也更加吸引人的注意。

二、乡村景观在现代园林设计规划中的意义与作用

乡村景观的功能得到了更多的体现。近年来，乡村景观的功能不仅仅体现在以往的生态以及自然功能之中，还增加了其文化带来的功能。由于地域造成的不同文化渐渐通过乡村景观展现在人们眼前，又因为设计师将其融合在现代的现代园林设计规划中，更加突出了其不同的特点。乡村景观的表现方式之一是自然形成的景观带来的，它是没有受到人为干预或是破坏的，是大自然自己产生的，能够直观并有效地显示出当地乡村的特色与真实情况，它别具特色的地形、不同的植物与动物，都直观地给人带来了乡村景观的特点。另外，随着乡村人们的长期生活、活动，也自然而然地形成了另一种独特的乡村景观，主要包括风俗习惯、民俗信仰以及宗教信仰等所形成的特别的乡村景观。而这些都给现代风景园林的规划和设计带来了天然的灵感与想象空间，他们通过运用相同的方式来展现出乡村景观的特色，及乡村人民生产生活的特色。

给现代风景园林设计带来了更加多元化的设计形式。

现代风景园林的设计师可以尝试更多的设计形式。如在设计中加入乡村景观中的文化以及耕地画作等，乡村景观中梯田的元素给现代园林景观带来巨大的灵感。

给现代园林景观的设计与规划加入了新的可供选择的设计元素。乡村景观中有许多别具一格的设计元素，现代园林景观设计师可以有效地运用乡村景观中地形地貌特点、文化风俗特点、生活方式或是耕地的样式等来增加自己设计元素，也可以通过抽象或是具体化来改变设计的固有风格，例如可以在设计中引入山水的设计模式，就是有效地结合了乡村景观的自然特质，也是乡村景观在现代风景园林设计中最直观的体现与表达方式。

创造出了不同的设计氛围。将乡村景观中的特色有机地运用到现代风景园林的规划和设计之中，能够有效地给游客展现乡村景观的氛围与特色，而其中带有地域特点的乡村景观样式也能够引起许多人的共鸣，得到更多观赏者的认同和归属感。

三、乡村景观在现代风景园林规划设计中的具体应用

坚持规划与保护共同发展的原则。要将乡村景观加入到现代风景园林的设计与规划之中，并不代表是单纯地将乡村景观中具有明显特色的景观直接加入到现代风景园林的设计之中，而是在加入过程中对于乡村景观的一个保护的过程。乡村景观大部分是自然产生，如果不顾保护，只是单纯地想要应用这些具有特点的景观元素，是没有丝毫意义的。不仅不利于乡村景观的发展，甚至会破坏乡村景观元素，尤其是在耕地等方面的元素应用，耕地绝对是乡村景观中至关重要的一部分，也是乡村人民生活生存以及发展建设的基础设施，因此必须要进行保护，在进行设计和规划的过程中，应该尽量减少对于耕地的破坏。另外，乡村景观中自然地形地貌、山石外形等自然景观都是大自然自己形成的，如果遭到了破坏是不可能修复与重建的，是乡村景观的特色表现。要在规划与设计过程中，时刻关注并且保护这些无法重建的设计元素，要准确地运用这些元素，做到规划设计与保护同行的目标，坚持保护原则。

坚持开放包容以及观览全局的原则。就像是文化，对于现代风景园林设计与规划来说也要保持着开放包容的原则。吸纳好的优秀的现代风景园林设计理念与设计元素，去掉错误的低劣设计方式以及设计理念，既要包容乡村景观的发展特色也要包容其文化特色，但是也要把控包容和开放的度，不能够大肆地破坏与利用其景观特色，以至于造成对乡村景观不可逆转的破坏。并且在包容乡村景观的过程中，一定要避免滥用乡村景观的设计元素，要注意各个元素之间的协调与统一，避免造成设计的不伦不类，在设计与规划的过程中应该管控全局，确保乡村景观的设计特色有机地融合在整体的设计之中，避免突兀。

乡村景观的应用主要可以采取两种方式。

模拟方式。将乡村景观进行模拟建造，作为观赏以及游览的地点建设在城市的现代园林景观中，这样既不会造成突兀感，还能够有效地观赏和保护乡村景观。

借景方式。借，顾名思义，在进行现代风景园林设计与规划时，将乡村景观特点引入其中，可以保留原有的乡村景观的特点，也可以延伸乡村景观的特点，能够让其有机地融合在城市的现代风景园林设计之中。

乡村景观在现代园林景观规划设计中可以运用多种方式，但是，不可改变的是要管控全局，正确地发挥乡村景观的作用，将其有机地结合起来，避免不伦不类。

结合好乡村景观的特点，兼顾经济与生态的共同发展。目前我国现代风景园林的设计方式，大多还是半开放形式，主要表现在保留原有的乡村景观，将其融入现代园林景观设计之中，融入新的自然景观。所以，设计师可以在保留乡村景观的历史文化特点同时注重

经济的共同发展。在乡村景观之中可以开展有效的活动，类似于农家乐、耕地体验等乡村活动，对于城市人而言，许多人不知道耕地的辛苦、不认识耕地的工具，游客可以自行选择体验或是游览，既能够加强城市对于乡村的理解，还能够有效地发展并且将乡村景观的特点深入人心，能够有效降低景区的成本，在带来效益的同时，对乡村景观进行了发展与保护。

保护乡村景观的历史文化传承。每一个乡村都拥有自己的历史文化，能够体现出不同地域的不同的风俗习惯，是一种精神文化的传承。在进行现代风景园林的设计过程中，要保证对其历史文化的保护，避免由于现代园林景观的建设而造成其慢慢被磨灭掉，在具体设计时，可以保留具有文化历史体现的建筑、道路景观等，以保障乡村景观中的历史文化得到传承。

综上所述，乡村景观是大自然的馈赠，是自然与人为活动共同创造出来的自然景观，具有自己独特的特色，最重要的是其展现出了人与自然和谐相处的关系。乡村景观对于现代园林景观设计也具有独特意义，带来了不同的设计元素和文化形式，一方面它为现代园林景观设计注入了新鲜的血液，另一方面也保证了自己的保护与传承。既有利于经济与生态的共同发展，也有利于城市人民对乡村景观的了解与体验。

参考文献

[1] 萧默 . 建筑意 [M]. 北京：清华大学出版社，2006.

[2] 廖建军 . 园林景观设计基础 [M]. 湖南：湖南大学出版社，2011.

[3] 侯幼彬 . 中国建筑美学 [M]. 北京：中国建筑工业出版社，2009.

[4] 唐学山 . 园林设计 [M]. 北京：中国林业出版社，1996.

[5] 彭一刚 . 中国古典园林分析 [M]. 北京：中国建筑工业出版社，1999.

[6] 余树勋 . 园林美与园林艺术 [M]. 北京：科学出版社，1987.

[7] 高宗英 . 谈绘画构图 [M]. 济南：山东人民出版社，1982.

[8] 计成 . 园冶注释 [M]. 北京：中国建筑工业出版社，1988.

[9] 王其钧 . 中国园林建筑语言 [M]. 北京：机械工业出版社，2007.

[10] 褚泓阳，屈永建 . 园林艺术 [M]. 西安：西北工业大学出版社，2002.

[11] 韩轩 . 园林工程规划与设计便携手册 [M]. 北京：中国电力出版社，2011.

[12] 邹原东 . 园林绿化施工与养护 [M]. 北京：化学工业出版社，2013.

[13][美] 阿纳森 . 西方现代艺术史：绘画 · 雕塑 · 建筑 [M]. 天津：天津人民美术出版社，1999.

[14][西] 毕加索 . 现代艺术大师论艺术 [M]. 北京：中国人民大学出版社，2003.

[15][美] 诺曼 · K · 布恩 . 风景园林设计要素 [M]. 北京：中国林业出版社，1989.

[16][德] 汉斯 · 罗易德（Hans Loidl），斯蒂芬 · 伯拉德（Stefan Bernaed），等 . 开放的空间 [M]. 北京：中国电力出版社，2007.

[17] 彭一刚 . 中国古典园林分析 [M]. 北京：中国建筑工业出版社，1986.

[18][美] 格兰特 · W · 里德 . 园林景观设计从概念到设计 [M]. 北京：中国建筑工业出版社，2010.

[19] 郭晋平，周志翔 . 景观生态学 [M]. 北京：中国林业出版社，2006.

[20] 西湖揽胜 [M]. 杭州：浙江人民出版社，2000.

[21] 王郁新，李文，贾军 . 园林景观构成设计 [M]. 北京：中国林业出版社，2010.

[22] 王惕 . 中华美术民俗 [M]. 北京：中国人民大学出版社，1996.

[23] 傅道彬 . 晚唐钟声—中国文学的原型批评 [M]. 北京：北京大学出版社，2007：161.

[24] 孟详勇 . 设计—民生之美 [M]. 重庆：重庆大学出版社，2010.